基于“职业教育改革实施方案”和“提质培优”的烹饪品牌专业建设系列教材

西式面点制作技术

主　编　钟尚金　朱明艳　何志军
副主编　刘承婷　唐　瑛　龙清清

合肥工业大学出版社

图书在版编目(CIP)数据

西式面点制作技术/钟尚金,朱明艳,何志军主编 . --合肥:合肥工业大学出版社,2022.6(2024.8 重印)

ISBN 978-7-5650-5906-3

Ⅰ.①西… Ⅱ.①钟… ②朱… ③何… Ⅲ.①西点-制作-中等专业学校-教材 Ⅳ.①TS972.132

中国版本图书馆 CIP 数据核字(2022)第 093132 号

西式面点制作技术

主 编 钟尚金 朱明艳 何志军 责任编辑 毕光跃 责任印制 程玉平

出 版	合肥工业大学出版社	版 次	2022 年 6 月第 1 版
地 址	合肥市屯溪路 193 号	印 次	2024 年 8 月第 2 次印刷
邮 编	230009	开 本	787 毫米×1092 毫米 1/16
电 话	理工图书出版中心:0551-62903204	印 张	11.5
	营销与储运管理中心:0551-62903198	字 数	270 千字
网 址	press.hfut.edu.cn	印 刷	安徽联众印刷有限公司
E-mail	hfutpress@163.com	发 行	全国新华书店

ISBN 978-7-5650-5906-3 定价: 58.00 元

前 言

职业教育是国民教育体系和人力资源开发的重要组成部分，肩负着培养多样化人才、传承技术技能、促进就业创业的重要职责。在全面建设社会主义现代化国家新征程中，职业教育前途广阔、大有可为；要建设一批高水平职业院校和专业，推动职普融通，增强职业教育适应性，加快构建现代职业教育体系，培养更多高素质技术技能人才、能工巧匠、大国工匠。

近年来，随着我国人民生活水平的提高和餐饮市场的快速发展，西式面点的市场需求量越来越大。“西式面点制作技术”作为职业学校的热门课程和中等职业学校中西面点专业的核心课程，需要从岗位实际出发，结合市场需求，培养学生的综合能力和创新能力。

本书坚持以能力培养为重点，重视实践能力培养，突出职业技术教育特色，合理规划学生知识与能力结构，通过理论知识与实际操作的学习，学生能够自主地解决实操过程中出现的问题，从而满足企业和社会对技能型人才的需求。

本书以实际任务为导向，每个模块由若干个任务组成，让学生在具体任务的实施中，掌握西式面点制作的基本知识，提高制作的熟练度。本书是编者根据多年的实践经历和专业教学经验的认知，对西式面点制作知识进行的系统归纳。

本课程建议课时为 288 学时，具体学时分配见表 1 所列（供参考）：

表 1　学时分配表

模块	课程内容	参考课时
一	绪论	12
二	西点制作	72
三	蛋糕制作	44
四	面包制作	72
五	冷冻甜品	40

（续表）

模块	课程内容	参考课时
六	蛋糕装饰	40
小计		280
考核		4
机动		4
总计		288

本书由钟尚金、朱明艳、何志军任主编，刘承婷、唐瑛、龙清清任副主编，参与编写的人员还有秦盛菊、吴秋婷、林炜、裴俊婷。

本书在编写的过程中参阅了大量专家、学者的相关文献，得到了广西商业技师学院的帮助和支持，在此一并表示诚挚的谢意。

由于编者的水平和时间有限，书中难免有疏漏和不足之处，敬请同行专家和读者批评指正。

钟尚金

2022年5月

目　录

微课视频二维码索引页

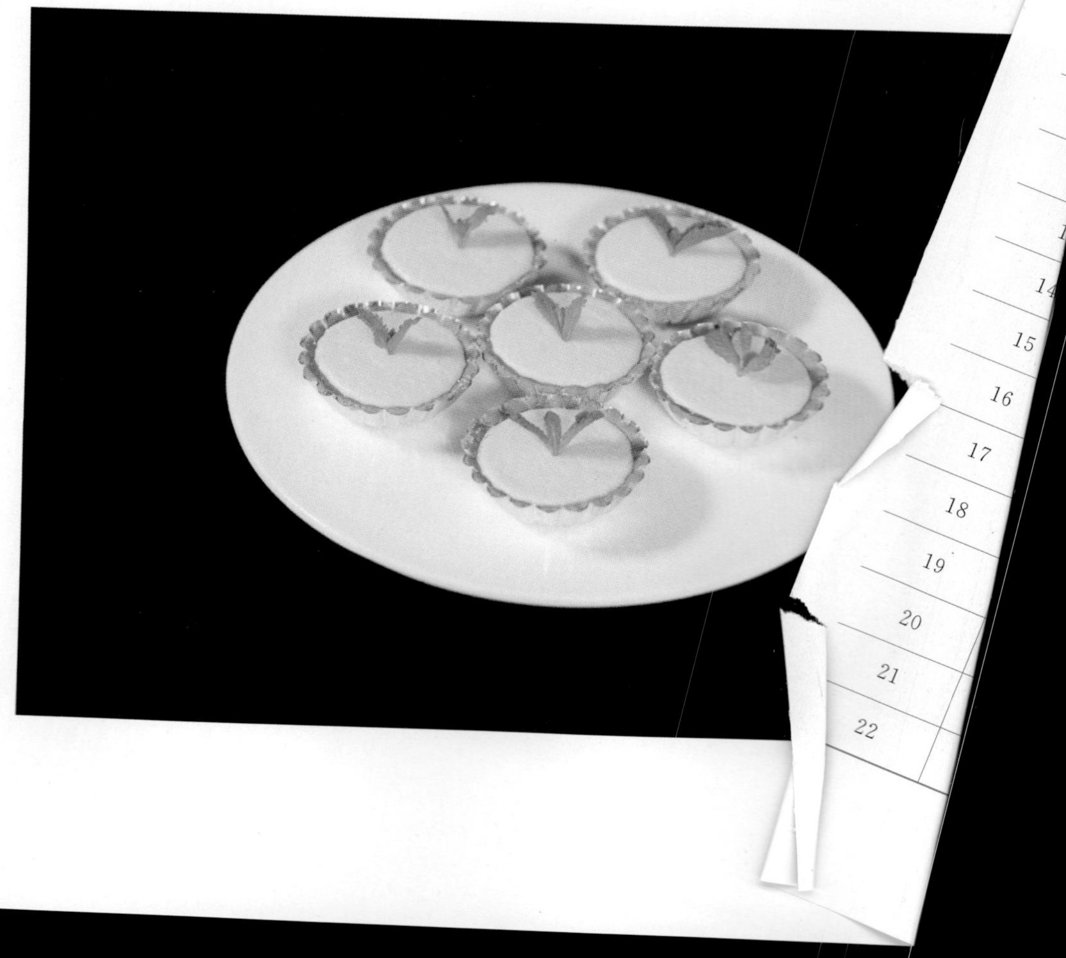

微课视频二维码索引页

绪　论

西式面点是西餐的重要组成部分，而且是独立于西餐烹调之外的一个庞大的食品加工业，成为西方食品工业的主要支柱之一，是西方饮食文化中一颗璀璨的明珠。

西式面点的制作历史悠久、源远流长，同我国烹饪技艺一样在世界上享有很高的声誉。西式面点的发源地是欧洲，据史料记载，古代希腊、罗马已开始了最早的面包和蛋糕的制作。但奠定现代烘焙食品技术基础的先驱者是古埃及人，古埃及人将捣碎的小麦粉掺入水调制成面团，一些面团剩余下来产生了自然发酵，得到了松软而富有弹性的面包。烘焙食品后来传到了希腊，希腊人将烤炉改为圆拱式，加入了牛奶、奶油、奶酪和蜂蜜，大大改善了制品的品质和风味。后来罗马人征服了希腊和埃及，将烘焙食品制作技术传到了匈牙利、英国、德国和欧洲各地。

18 世纪末 19 世纪初，烘焙技术传到了我国。改革开放后，我国的烘焙行业发生了突飞猛进的发展。西点制品以其款式新颖美观、色香味美、新鲜可口吸引了大量顾客，烘焙食品业在我国食品行业中的销售量已占据重要地位。

任务一　原料知识

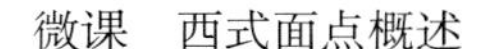

微课　西式面点概述

微课　西点分类及特点

一、基本原料

（一）面粉

面粉由小麦磨制而成，也称小麦粉，是制作西式面点的基本原料。面粉的主要成分是糖类、蛋白质和少量的脂肪、水分、维生素、矿物质。

1. 面粉种类

在面点制作中，根据蛋白质含量不同，面粉可分为低筋粉、中筋粉和高筋粉三种。

（1）低筋粉：又称糕点粉或饼粉，蛋白质和面筋含量低，蛋白质含量为 7%～9%，湿面筋值在 25%以下，含麸量多于中筋粉，色稍黄，灰分不超过 1.25%，适合制作蛋糕及混酥、饼干制品。

（2）中筋粉：介于高筋粉与低筋粉之间的一类面粉，蛋白质含量为9%～11%，湿面筋值为25%～35%，含麸量少于低筋粉，色稍黄，灰分不超过1.25%，适合制作水果蛋糕及借助化学膨松剂膨大的制品。

（3）高筋粉：又称面包粉，蛋白质和面筋含量高，蛋白质含量为12%～15%，湿面筋值在35%以上，色白，含麸量少，灰分很少，不超过0.75%，制成的面团稳定性好，内充膨胀气体，常用于制作面包和清酥、泡芙类制品。

（4）专用面粉或特制面粉：指经过专门调配而适合生产某些面点的面粉。例如，特制蛋糕面粉是由软质面粉经氯气漂白处理过的一种面粉，专门用于蛋糕制作，效果很好。面粉经过氯气处理提高了白度，降低了pH值，有利于蛋糕浆料油水乳化的稳定，使蛋糕质地疏松、细腻。氯气处理还使部分面筋蛋白发生变化，颗粒非常细小，吸水量大，特别适合做含液体量和糖量较高的蛋糕，即高比蛋糕，又称高比蛋糕粉。全麦粉湿面筋含量不低于22%，灰分不超过2%，适合制作面包及特殊点心。

2. 面粉的作用

（1）形成产品的组织结构：蛋糕、面包等产品。一方面，面粉内的蛋白质加水搅拌形成面筋，起到了支撑产品组织的骨架作用；另一方面，面粉中的淀粉吸水涨润，并在适当温度下糊化、固定。这两方面的共同作用形成了产品的组织结构。

（2）为酵母提供发酵所需的能量：当配方内糖量较少或不加糖时，其酵母发酵的基质便要靠面粉提供。

3. 面粉的品质检验和保管

（1）面粉的品质检验。面粉的品质主要从含水量、颜色、新鲜度、面筋质等几方面进行鉴定。

① 含水量。含水量是鉴定面粉品质的一个重要方面。我国规定，面粉的含水率应在14%以下。实际工作中一般用感观方法鉴定面粉含水量。正常的面粉用手紧握有爽滑之感，如握之有形而不散，则含水量过高，这种面粉易结块霉变，不易保管。

② 颜色。面粉的颜色与小麦的品种、加工精度、储存的时间和条件有关。加工精度越高，颜色越白，但维生素含量越低。

③ 新鲜度。新鲜度是鉴定面粉品质最基本的标准，新鲜面粉有正常的气味，香味清淡；凡带有腐败味、霉味、酸味的面粉，都是陈面粉。

④ 面筋质。面粉中的面筋质由蛋白质构成，它是决定面粉品质的主要指标。一般认为，面筋质含量越高，品质就越好；但若过高，其他成分会相应较少，品质也不一定好。

（2）面粉的保管。一般情况下，面粉的保管中应注意温度、湿度的控制并避免污染的发生。面粉存放于温度适宜的通风处，理想环境温度为18～24℃，温度过高宜霉变。因此，在储存面粉过程中，应及时检查，防止发热霉变。一旦发现霉变，应及时处理，以防霉菌蔓延。

面粉具有吸水性，在潮湿环境中会吸收水分，体积膨胀，结块，加剧霉变，严重影响面粉品质。所以，面粉保管中应控制储存环境的湿度，相对湿度以55%～65%为宜。

面粉具有吸收异味的特性，所以储存中应避免与有异味的原料、杂物混放在一起，以避免感染异味；同时，保持环境的整洁，防止虫害。

（二）油脂

1. 常用油脂的种类

油脂是油和脂的总称，在正常室温下呈液态的称油，而呈固态或半固态的称为脂。油脂是西式面点制作的基本原料之一。

（1）黄油：又称白脱油、奶油或牛油，是从牛乳中分离加工出来的一种比较纯净的脂肪。黄油具有特殊的芳香，是西式面点传统使用的油脂，在常温下呈浅黄色固体。黄油乳脂含量不低于80%，水分含量不得高于16%，熔点为28～33℃，含有丰富的维生素A、D和矿物质，亲水性强，乳化性较好，营养价值高。它特有的乳香味令制品非常可口，是其他油脂所不及的，应用于西式面点制作中可使得面团可塑性、制品松酥性增强，组织松软滋润。

（2）麦淇淋：即人造奶油，由植物油氢化而来。麦淇淋的组织和质地与奶油类似，乳脂含量约80%，水分约16%，熔点为35～38℃，另添加有适量的香料、乳化剂、奶油香精、牛乳颗粒、抗氧化剂、防腐剂、食盐和维生素等。麦淇淋具有良好的起酥性、乳化性和可塑性，且价格较低，储存稳定性好，只是缺乏天然的奶油香味，是奶油的代用品。

（3）起酥油：指精炼的动植物油、氢化油等经混合、冷却、塑化而加工出来的具有可塑性、乳化性等加工性能的固态油脂产品。起酥油种类很多，有高效稳定起酥油、溶解型起酥油、流动起酥油、面包起酥油、蛋糕液体起酥油等。

（4）猪油：以猪板油、猪肥膘肉为原料提炼出来的，具有较好的起酥性和乳化性，但不及奶油和麦淇淋，且可塑性和稳定性较差，故不用于膨松制品的发泡原料。

（5）植物油：主要含有不饱和脂肪酸，常温下呈液态，一般用于煎炸制品。常用的植物油有大豆油、花生油、芝麻油等。

2. 油脂的特性

（1）疏水性。油的分子是疏水的非极性分子，水的分子是极性分子，两者混合互不相溶。面团中加入油脂，它能与面粉颗粒形成油膜，阻止面粉吸水，阻碍面筋生成，降低了面团的弹性和延伸性，增强了疏散性和可塑性。

（2）游离性。油脂的游离性与温度有关，温度越高，油脂游离性越大。

在食品加工中，正确运用油脂的疏水性和游离性，制定合理的用油比例，有利于制作出理想的产品。

3. 油脂在西式面点中的作用

（1）增加营养，补充人体热能，增加制品风味。

（2）在油酥面团中可以调节面筋的胀润度，降低面团的筋力和黏性。

（3）使制品的组织细腻柔软，延缓淀粉老化，延长点心的保存期。

（4）增强面团的可塑性，有利于点心成形。

4. 油脂的品质检验和保管

（1）油脂的品质检验。

① 色泽。品质好的植物油色泽微黄，清澈光亮；质量好的黄油色泽淡黄，组织细腻光滑；奶油则要求洁白，有光泽，较浓稠。

② 气味。植物油脂应有植物清香味，加热时无油烟；动物油脂有其特殊的膻味，要经脱臭后方可使用。

③ 透明度。植物油脂无杂质、透明，动物油脂溶化时清澈见底。

④ 口味。品尝时植物油应有植物本身的香味，无异味和哈喇味；黄油应有新鲜香味和爽口润喉的感觉。

（2）油脂的保管。

食用油脂在保管不当的条件下品质非常容易发生变化，最常见的是酸败现象。为防止油脂酸败现象发生，应将其放在通风、避光处，避免与杂质接触；另外，应尽量减少存放时间，以确保油脂不变质。黄油最好在冷藏库和冰箱中储存。

（三）糖

1. 糖的种类

（1）蔗糖。蔗糖是从甘蔗或甜菜中提取糖汁加以炼制而成的。根据加工不同，蔗糖又可分为砂糖、红砂糖和糖粉。

① 砂糖：所有糖的主体原料，经过加工可变化为各种糖，如糖粉、细砂糖、绵白糖、方糖、糖浆、焦糖等。砂糖呈白色颗粒，半透明状，甜味很好，可以制作各种蛋糕、面包、点心等。

② 红砂糖：大部分为蔗糖、糖蜜及其他杂质等。这种糖具有特殊的风味，杂质越多，颜色越暗。

③ 糖粉：是白糖经过粉碎机磨成的粉末状，颜色洁白，吸水性快，体轻，溶解速度快，适合于水分较少、搅拌时间短的制品。

（2）糖浆。糖浆的种类很多，来源各异，有以加水加温溶解后再用酵素转化而成的，也有以淀粉为基料用酵素转化而成的。糖浆呈透明状、黏稠、甜度高、湿度足，适合于各种糕点面包的制作。

① 转化糖：蔗糖溶液与酸性物质共同受热后，部分蔗糖会分解成葡萄糖和果糖，这两种单糖的混合物就称为转化糖。

② 葡萄糖浆：又称玉米糖浆，由水分、蔬菜胶质糊精及葡萄糖为主的各种糖类等组合而成。葡萄糖浆可增加成品的保湿性，常用于糖霜的调制。

③ 焦糖：由砂糖用慢火煮制而成，颜色很深，主要用于上色。

（3）蜂蜜。蜂蜜是蜜蜂采取花中甘液酿制而成的一种浓液，是富有特殊风味的一种天然糖浆。蜂蜜的吸水力特强，产品的保持时间胜过一般糖浆，且具有很好的保湿能力，为一种高级的添加材料。

（4）饴糖。饴糖又称糖稀、麦芽糖，由大麦、小麦经麦芽酶水解作用制得，主要成分为麦芽糖和糊精。饴糖可作为点心、面包的着色剂，增加产品风味和色泽。饴糖的持水性强，具有保持点心、面包柔软性的特点。

2. 糖的特性

糖类原料具有溶解性、渗透性、结晶性等特性。

(1) 溶解性。糖具有较强的吸水性，易溶于水。其溶解度随糖的品种不同而异，果糖最大，其次为蔗糖、葡萄糖。糖的溶解度随温度的升高而增大。

(2) 渗透性。糖分子很容易渗透到蛋白分子或其他物质中，并把水分排挤出去，形成游离的水。渗透性随着糖溶液浓度的增高而增强。

(3) 结晶性。在浓度高的糖溶液中，已溶化的糖分子在一定条件下又会重新结晶。为避免结晶的发生，往往在其中加入适量的酸性物质。在酸的作用下，部分蔗糖可转化为单糖，单糖具有防止结晶的作用。

3. 糖在西式面点中的作用

(1) 增加制品甜味和热量，提高营养价值。糖可以增加产品甜味，改善产品口味，增加热量。

(2) 改善制品质地。由于糖有吸湿性和水化作用，因此配方中加入糖可以增强制品的持水性，使产品柔软，保持湿度。

(3) 改善点心的色泽，装饰美化点心外观。糖具有在 170℃ 以上产生焦糖的特性，即遇到高温极易焦化。配方中糖的用量越多，颜色就越深，这样就增加了产品的色泽和风味。此外，蔗糖及糖粉对面点成品表面装饰也有重要作用。

(4) 调节发酵速度。在面包制作中，糖是酵母能量的主要来源，可以增加酵母繁殖所需要的养分，提高发酵速度。

(5) 调节面团筋力，控制面团性质。糖具有渗透性，面团中加入糖不仅可以吸收面团中的游离水，而且还易渗透到吸水后的蛋白质分子中，使面筋蛋白质的水分减少，面筋形成度降低，面团弹性减弱。

(6) 防腐作用。糖的渗透性能使微生物脱水，促使细胞质壁分离，产生生理干燥现象，使微生物的生长发育受到控制，减少微生物对制品造成的腐败，延长产品的存放期。因此，糖的成分高、水分含量少的制品存放期较长。

4. 糖的品质检验与保管

(1) 糖的品质检验。食糖的感观指标有以下三个。

① 色泽。色泽在一定程度上反映了食糖的纯净度，优质的砂糖呈纯白色，红糖为棕红色，如掺有杂质或呈暗黑色等，说明品质不佳。

② 结晶状况。优质糖的颗粒应均匀一致，晶面整齐明显；如颗粒不规则，参差不齐，则说明杂质较多。

③ 味道特征。纯净的糖其味道应是较纯正的甜味，不能有苦涩等异味。

(2) 糖的保管。食糖对外界湿度变化很敏感，容易吸湿溶化或发生干缩结块现象。因此，购进糖后要严格检查质量，特别注意是否已经受潮，如发现受潮现象则不宜存放，应先使用。

食糖应放在通风干燥、无异味环境中，不宜与水分较多的烹饪原料存放在一起；控制保管环境的温度、湿度和清洁；对含水量正常的食糖可用防潮纸、塑料布等遮盖隔潮，以防止外界潮气的影响；对保管中的食糖要经常检查，如发现有受潮现象应及时处理；注意防蝇、防鼠、防尘。

（四）蛋品

1. 蛋品的种类

（1）鲜鸡蛋。鲜鸡蛋是中小型西式面点生产使用的主要蛋品，能用于各类西点制作，是西式面点的重要原料之一。

（2）冻蛋。冻蛋多用于大型西式面点生产企业，应在－20℃的条件下储存，使用时可将装蛋的容器放在冷水浴中解冻。冻蛋一旦解冻，应尽快用完。冻蛋的蛋白与蛋黄分离，在冰箱中储存1～2天后，比新鲜蛋液更容易起泡。

（3）蛋粉。蛋粉有全蛋粉和蛋清蛋粉之分。蛋粉比鲜蛋的储存期长，多用于大型生产或特殊制品。蛋粉的起泡性不如鲜蛋，不宜用来制作海绵蛋糕。

2. 鸡蛋的特性

（1）起泡性。蛋白具有形成膨松稳定的泡沫性质，在搅打时与拌入的空气形成泡沫，增加了产品的膨胀力和体积。当烘烤时，泡沫内的气体受热膨胀。

（2）凝固性。蛋品中含有丰富的蛋白质，蛋白质受热凝固，能使蛋液黏结成团，成熟时不会分离，保持产品的形状完整。

（3）乳化性。由于蛋黄中含有较丰富的卵磷脂和其他油脂，而卵磷脂是一种非常有效的乳化剂，因此鸡蛋在冰淇淋、蛋糕和奶油泡芙中可以起到乳化剂的作用。

3. 鸡蛋在西式面点中的作用

（1）提高制品营养价值。鸡蛋中含有大量的蛋白质、脂肪、维生素、矿物质，是人体不可缺少的营养物质。

（2）改善面点色泽，保持制品的柔软性。面包、点心在烘烤时刷上蛋液，不仅能改变制品表面颜色，使制品呈光亮的金黄色，而且还能防止制品内部水分的蒸发，保持制品的柔软。

（3）增加制品的蛋香味。在制品中加入鸡蛋可以使制品增加鸡蛋本身固有的香味。

（4）改善制品的组织状态。蛋白具有良好的发泡性，可以促进制品，特别是蛋糕的膨松。

4. 鸡蛋的品质检验与保管

（1）鸡蛋的品质检验。

① 蛋壳。新鲜蛋壳纹路清晰，有粗糙感，表面洁净；陈蛋与之相反。

② 重量。对于外形相同的鸡蛋，重者为鲜蛋，轻者为陈蛋。

③ 蛋的内容物。鲜蛋打破倒出，内容物蛋黄、蛋白、系带等完整，各居其位，蛋白浓稠，无色透明。

④ 气味和滋味。鲜蛋打开倒出气味正常，煮熟后蛋白无味、洁白，蛋黄味淡芳香。

（2）鸡蛋的保管。引起蛋类变质的原因主要有储存温度、湿度、蛋壳气孔及蛋内的酶。因此，保管时必须设法闭塞蛋壳气孔，防止微生物侵入，同时注意保持适宜的温度、湿度，以抑制蛋内酶的活性。

保管鲜蛋的方法很多，一般多采用冷藏法，温度不低于0℃，相对湿度为85%。此外，鸡蛋储存时不要与有异味的食品放在一起；不要清洁后储存，以防破坏蛋壳膜，引起微生物侵入。

（五）乳品

1. 常用乳品种类

（1）牛奶：色白或色稍黄，不透明，具有特殊的香味，含有丰富的蛋白质、脂肪、维生素及矿物质，还有一些胆固醇、酶及卵磷脂等微量成分。牛奶容易被人体消化吸收，有很高的营养价值，是西式面点常用原料。

（2）鲜奶油：又称“忌廉”，是从鲜牛奶中分离出来的乳脂制品，呈乳白色、半流质状或厚糊状，乳香味浓且具有很高的营养价值。由于加工工艺的差别，鲜奶油又有如下几种。

① 淡奶油：应用最广泛的一种，乳脂含量为18%～30%，起调味、增稠、增白的作用。

② 打发奶油：很容易打发成泡沫状的奶油，乳脂含量为30%～40%，是西式面点的常用原料，特别是用于裱花蛋糕及点心的馅料、装饰。

③ 厚奶油：用途不广，乳脂含量为48%～50%，成本太高，通常情况下为增进风味时才使用。

（3）奶粉：在大多数西式面点制作中，全脂奶粉或脱脂奶粉可代替鲜奶，加入制品的配方中可以增加成品的营养价值和滋味。用于烘烤食品的配方中时，奶粉和其他干配料一起过筛可提高布丁和淀粉调味汁的黏度。若大量使用脱脂奶粉，可使西式面点在烘烤时颜色变得很深。

（4）炼乳：牛奶浓缩制品，分为甜炼乳和淡炼乳两种。炼乳的保存期较长，能较好地保持鲜牛乳的香味，用于制作奶膏效果更好。

（5）奶酪：又称“干酪”“忌斯”“芝士”，是奶在凝化酶作用下，将其中的酪蛋白凝固，并在维生素与酶的作用下经较长时间的生化反应加工而成的。奶酪一般只用于咸味的酥点和馅料中，如比萨饼。

2. 乳品的特性

（1）乳化性。乳品之所以具有乳化性，主要因为乳品中的蛋白质含有清蛋白。乳清蛋白在食品中可以作为乳化剂，改进西式面点的胶体性质，使制品膨松、柔软爽口。

（2）抗老化性。乳品含有大量蛋白质，它能使面团的吸水率提高，面筋性能得到改善，从而延缓制品的“老化”。

3. 乳品在西式面点中的作用

（1）提高面团筋力和搅拌耐力。

（2）改善风味，提高营养价值。

（3）乳品乳化作用能改善制品的组织，使制品疏松、柔软，富有弹性。

（4）具有起泡性，使制品体积增大。

（5）乳品能延缓制品“老化”。

（6）奶粉是面包、饼干、点心等的着色剂。

4. 牛奶的品质检验与保管

（1）牛奶的品质检验。牛奶的感官检验通常是观察液质和色泽，嗅气味，如果牛奶呈乳白色，乳液均匀，表面无脂肪凝结现象，乳香味浓，无任何异味，则是新鲜牛奶；如牛奶表面出现均匀的一薄层脂肪聚黏现象，呈浅黄色，乳液较均匀，乳香不及新鲜牛奶，无异味，则不是新鲜牛奶；如果牛奶表面出现絮状或凝块，乳液呈黄色，并有酸味，则是腐败变质乳，要坚决销毁处理。

（2）牛奶的保管。牛奶一般储存在冰箱中保管，欲取得最佳保管质量，牛奶储存于冰箱的时间不宜超过一周。盛装牛奶的容器最好加盖，这样可以防止灰尘、细菌和其他异味污染。牛奶不应放在温度较高的地方，特别不能置于阳光下，否则很容易变质。

二、辅助原料

（一）淀粉

1. 常用淀粉品种

（1）玉米淀粉：由粉型玉米磨制而成，细腻光滑，品质较好，常作为甜点及勾芡料，也是一种制作特种蛋糕的原料。

（2）小麦淀粉：用小麦粉加工生产面筋后的副产品，多为湿淀粉，经干燥研磨后制得，又称为澄面、澄粉。

（3）土豆淀粉：色洁白，有光泽，黏性大，吸水性较差。

2. 淀粉在西式面点中的作用

（1）淀粉是西式面点中挂糊、上浆、勾芡的主要原料，使用广泛，能增强点心的感观性能，保持产品的鲜嫩，提高其滋味。

（2）淀粉常用于西式面点中的冰淇淋、奶油冻等冷冻食品的制作。

3. 淀粉的保管

淀粉保管时应注意防潮和卫生。干淀粉吸收空气中的水分受潮后容易发霉变质，其还容易吸收异味，因此淀粉应存放于干燥环境中，并密封储存。

（二）可可粉与巧克力

（1）可可粉：西式面点的常用辅料，用来制作各种巧克力型蛋糕、饼干和装饰料。可可粉是可可豆的粉状制品，它的含脂率低，一般为 20％，呈棕褐色，香味浓而略带苦涩味。

（2）巧克力：西式面点装饰的主要材料之一，其色泽和香味均来源于成分可可。巧克力是天然可可脂加糖和可可经乳化制成，质地细腻而滑润。巧克力的硬度随温度变化而变化，温度低时硬而脆，使用时常用约 40℃的水浴温化。

(三) 咖啡

咖啡是用咖啡豆加工而成的，用于西式面点中的品种主要是速溶咖啡，主要改变制品的色泽、风味，增加香甜，变化西式面点的品种。

(四) 水果与果仁

(1) 水果：西式面点中使用的水果形式有新鲜水果、罐头水果、果干、蜜饯等。新鲜水果和罐头水果主要用于较高档的西式面点的装饰和馅料，西式面点中常用的水果有苹果、桔子、草莓、香蕉、菠萝、梨等；而果干、蜜饯主要用于制作水果蛋糕。

(2) 果仁：干果的果实，含有较多的蛋白质与不饱和脂肪，营养丰富，风味独特，为健康食品，广泛用于西式面点的配料、馅料和装饰料。西式面点中常用的果仁有杏仁、核桃仁、榛子仁、花生仁、椰茸等。

(五) 明胶

明胶又称“吉利丁”“鱼胶”，是由动物皮骨熬制而成的化合物，呈白色或淡黄色的半透明颗粒状、薄片状或粉末状。明胶单独食用时味道不佳，营养价值也不高，但与其他原料配合使用，制成食品时便呈现出令人感兴趣的特性。明胶广泛用于慕斯、冰淇淋、软糖和果冻等食品中。

(六) 琼脂

琼脂又称“冻粉”“洋菜”，是以海洋藻类石花菜、牛毛菜等原料加工提炼制作的凝胶剂。优质的琼脂呈无色或淡灰色半透明体，有长条薄片或粉状，无味，吸水性很强。一般在足够的琼脂稠度时，溶剂冷却到 40℃左右会自行凝结。琼脂的特性与明胶相似，通常用于制作蛋白糖和其他冷冻甜食。

三、食品添加剂

(一) 膨松剂

1. 化学膨松剂

化学膨松剂主要有泡打粉、小苏打和臭粉，用于蛋糕、点心和饼干的膨松。

(1) 泡打粉：也称为发酵粉，是小苏打加入其他酸性物质和填充物调和而成。泡打粉中加入少量的淀粉作填充，其目的是防止结块，并降低产生过度膨胀的可能。

(2) 小苏打：学名碳酸氢钠。若遇水分或酸性物质，小苏打会释放二氧化碳气体，因而产生膨松作用，是酥脆性比较好的一种膨松剂。

(3) 臭粉：学名碳酸氢氨，也有人称其为氨粉。臭粉在烘焙受热过程中会被分解为二氧化碳气体、氨气及水，适合于需烘烤至干的产品，否则氨气若没有完全散发，会产生不良的气味，横向膨松，使制品“塌架”成扁圆形。

2. 生物膨松剂

生物膨松剂主要是酵母。酵母是一种可食用的单细胞微生物，可使面粉中的淀粉、蛋白质水解，从而使面包类产品组织疏松、柔软可口。此外，它也大大提高了人体对于面粉中碳水化合物及蛋白质的消化、吸收率，从而提高面包类产品的食用价值。

（1）酵母的种类。

① 新鲜酵母：又称浓缩酵母或压榨酵母，是将酵母除去一定水后压榨而成的。新鲜酵母使用方便，发酵速度快，但发酵耐力略逊于干性酵母；不易保存，环境温度要求较严格，只适宜在4℃以下保存，保存期2～3个月。若温度过高，新鲜酵母会自溶腐败，失去活力。

② 干酵母：又称活性干酵母，是由新鲜酵母经低温干燥而成，有粒状和粉状两种。干酵母在干燥环境时已成为休眠状态，因此使用要经过活化处理，以30℃～40℃、4～5倍重量的温水溶解，并放置15～30min，使酵母重新恢复原来新鲜酵母状态时的发酵力。干酵母保存期一般不超过2年（温度在20℃左右），发酵耐力强，但使用不及新鲜酵母方便，发酵速度也较慢。

③ 高活性干酵母：优点是溶解速度快，发酵力高，无需经活化这道程序，可直接加入。

（2）酵母在西式面点中的作用：使制品的体积膨松，改善面包的风味，增加面包的营养价值。

（二）面包改良剂

面包改良剂主要在面团调制中使用，以增加面团的搅拌耐力，加快面团成熟，改善制品的组织结构。面包改良剂包括氧化剂、还原剂、乳化剂、酶等成分。

（三）乳化剂

乳化剂属于表面活性剂，一般具有发泡和乳化双重功能。乳化剂作为发泡剂使用时，能维持泡沫体系的稳定，使制品获得一个致密而疏松的结构；作为乳化剂使用时，则能维持油、水分散体系的稳定，使制品的组织均匀细腻。食品中常用的乳化剂有蔗糖脂肪酸酯、山梨醇酐脂肪酸酯、聚山梨醇酸酯。硬脂酰乳酸钠等，乳化剂要严格控制使用的质量，不能超过国家规定的标准范围。

（四）塔塔粉

一种酸性的白色粉末，属于食品添加剂，打蛋白时加入可增强和稳定组织及韧性。

（五）吉士粉

吉士粉又称格司粉，为黄色粉末，是由淀粉、变性淀粉、食用色素、香料、糖、乳化剂、稳定剂经加工而成的复合淀粉。吉士粉具有增加制品的色泽和香味，使制品更松脆的作用，常用于西式面点制作中。

（六）香精、香料

香精可调配不同的口味，与任何种类的糕饼搭配均可让其口味更好，亦可消除材料中的腥味。常用的合成香精有香草粉、香兰素、牛奶香粉、蛋香粉、牛油香粉等。天然香料有柠檬油、甜橙油、咖啡油等。

（七）色素

色素按其来源和性质可分为人工合成色素和天然色素，可增加点心的色泽。

1. 人工合成色素

人工合成色素有苋菜红、胭脂红、柠檬黄、日落红和靛蓝等。

(1) 苋菜红：为红色粉末，无臭，0.01%的水溶液呈玫瑰红色，不溶于油脂；耐光、耐热、耐盐、耐酸性能好。

(2) 胭脂红：为红至深红色粉末，无臭，水溶液呈红色，不溶于油脂；耐光、耐酸性能好，耐热、耐还原、耐细菌性能较弱；遇碱变成褐色。

(3) 柠檬黄：为橙黄色粉末，无臭，0.01%的水溶液呈黄色，不溶于油脂；耐光、耐热、耐盐、耐酸性能好；遇碱变红，还原时褪色。

(4) 日落红：为橙色颗粒或粉末状，无臭，0.1%的水溶液呈橙黄色，不溶于油脂。耐光、耐热、耐盐、耐酸性能强；遇碱呈褐红色，还原时褪色。

(5) 靛蓝：呈蓝色均匀粉末，无臭，0.05%的水溶液呈深蓝色，不溶于油脂；对光、热、酸、碱、氧化很敏感，耐盐、耐细菌性能较弱。

2. 天然色素

天然色素有红曲色素、紫胶色素、胡萝卜素、叶绿素、焦糖等。

(1) 红曲色素（红曲米）：为整粒米或不规则的碎米，外表呈棕紫红色，溶于热水、酸及碱溶液，pH 稳定，耐热、耐光性强。

(2) 紫胶色素：紫胶虫在某些植物上分泌的紫胶中的一种色素成分，为鲜红色粉末，酸性时对热和光稳定，易溶于碱液，色泽随 pH 的不同而变化。

(3) 胡萝卜素：广泛存在于动植物组织中，为红紫色及暗红色的结晶状粉末，稍有特异臭味；对酸、光、氧不稳定，色调在低浓度时呈橙黄到黄色，高浓度时呈红橙色，重金属离子可促使其褪色。

(4) 叶绿素：存在于一切绿色植物中，叶绿素铜钠为有金属光泽的绿色粉末，有氨样臭味，水溶液呈蓝绿色，透明，无沉淀。

(5) 焦糖：也称酱色、糖色，为红褐色或黑褐色的液体或固体，易溶于水，色调不受 pH 影响，但 pH 大于 6 时易发霉。

(八) 洋酒

在西式面点中经常使用洋酒增加制品的风味特点，以提升西式面点的香味，如白兰地酒、朗姆酒、葡萄酒、樱桃酒、香橙酒等。其用量要根据食品的品种和酒度确定。由于酒具有挥发性，因此应尽可能在冷却阶段或加工后期加入，以减少挥发损失。

任务二 设备与工具

一、西式面点制作工艺常用设备

西式面点制作中常用的设备及用表见表 0－1。

表 0－1 西式面点中常用的设备及用途

设备	用途
烘烤炉	电热式烘烤炉和煤气烘烤炉两种，其中电热式烘烤炉目前使用非常广泛
多功能搅拌机	集打蛋、和面、拌馅等功能于一身
双速和面机	专门用于调制面包面团，使面筋充分扩展，能缩短面团调制时间
分割机（分块机）	分割方便快捷、效率高
自动滚圆机	主要用于面包的滚圆
开酥机（起酥机）	通过机器传送带来回地推动，使面团经过辊筒的碾压，进行压面及开酥
醒发箱（室）	调节和控制温度和湿度，有助于酵母的生长与繁殖
面包切片机	主要用于三明治面包的切片，切成的面包片厚度一致，效率极高
冰箱	可分为保鲜冰箱和低温冷冻冰箱，存放成熟食品和食物原料
案台	发酵类制品多用木案台，目前各大酒店采用较多的是不锈钢案台
微波炉	快速加热食品
巧克力溶化机	主要用于巧克力溶化

二、西式面点制作工艺常用工具

（一）搅拌工具

（1）拌料盆：拌料盆分大、中、小号，用于调拌各种原料、配料、汁类等（图 0－1－1）。

（2）打蛋器：又称起泡器，有大、中、小各种型号，是打蛋糕、打蛋液、打蛋泡、打奶油的常用工具（图 0－1－2）。

（3）木板勺：常用来搅拌面粉或各式酱、馅及配料（图 0－1－3）。

（4）搅拌及温控棒：常用来搅拌及控制原料的温度，如搅拌巧克力、翻砂糖等（图 0－1－4）。

图 0－1－1
三种拌料盆

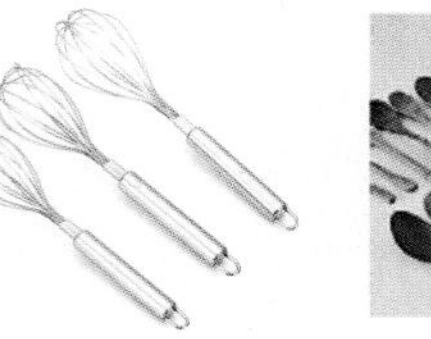

图 0－1－2
打蛋器

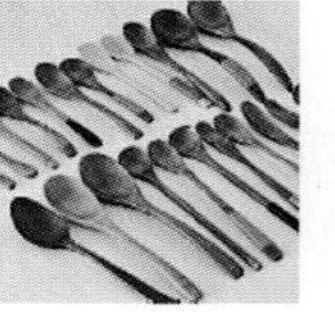

图 0－1－3
木板勺

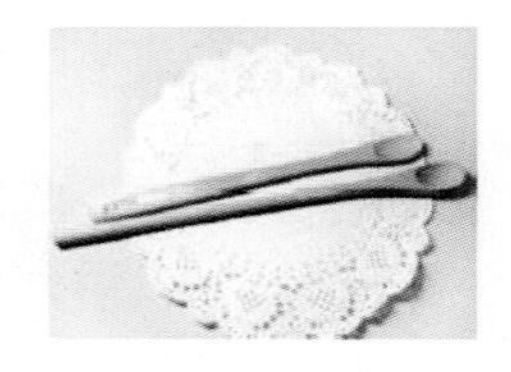

图 0－1－4
搅拌棒

（二）定型工具

（1）抹刀：抹刀是涂抹奶油、黄油、果酱及装饰甜点的重要工具之一（图 0－1－5）。

（2）锯齿饼刀：分割酥软点心、制品及半成品（图 0－1－6）。

（3）锯齿面包刀：切割各式面包（图 0－1－7）。

（4）分刀：切各式鲜水果、饼干、生面坯等（图 0－1－8）。

图 0-1-5
抹刀

图 0-1-6
锯齿饼刀

图 0-1-7
锯齿面包刀

图 0-1-8
分刀

（5）去皮刀：去除水果皮或加工切割配料（图 0-1-9）。

（6）片刀：切割甜点类制品（图 0-1-10）。

（7）刮刀：分为面团刮刀和奶油刮刀两种（图 0-1-11）。

（8）糕饼花边刮刀：主要用于蛋糕侧边奶油、黄油的刮花、曲线、波浪形曲线，也可用于花边条纹蛋糕坯及巧克力装饰物制作（图 0-1-12）。

图 0-1-9
去皮刀

图 0-1-10
片刀

图 0-1-11
刮刀

图 0-1-12
花边刮刀

（9）滚刀：主要用于清酥、混酥生面坯的切割成型（图 0-1-13）。

（10）酥盒面团切割器：主要用于清酥类酥盒的制作成型（图 0-1-14）。

图 0-1-13　滚刀

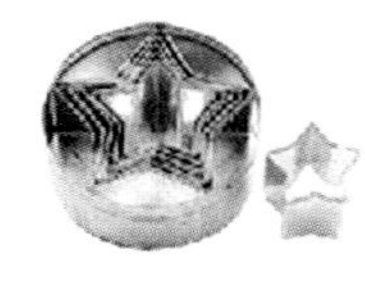

图 0-1-14　酥盒面团切割器

（三）模具工具

1. 烘烤用模具

（1）蛋糕烘烤模具，如图 0-1-15 所示。

（2）面包烘烤模具，如图 0-1-16 所示。

（3）专用烘烤模具如图 0-1-17 所示。

（4）烤盘，如图 0-1-18 所示。

图 0-1-15
蛋糕烘烤模具

图 0-1-16
面包烘烤模具

图 0-1-17
专用烘烤模具

图 0-1-18
烤盘

2. 甜点模具

（1）甜点模具包括冷冻成型模具和装饰模具，如图 0－1－19 所示。

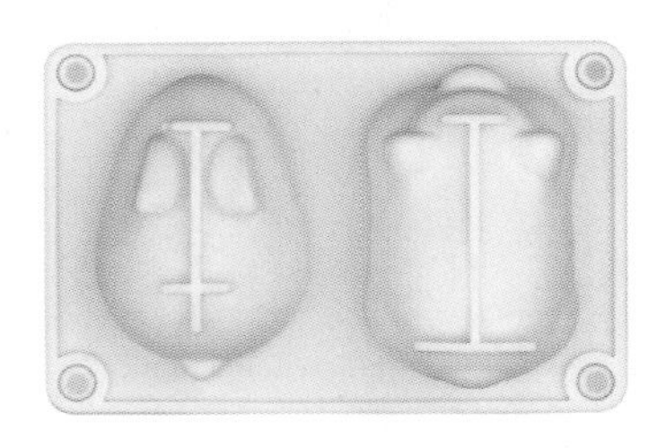

图 0－1－19　甜点模具

（2）巧克力模具：包括巧克力糖模具、巧克力动物模具、英文及数字模具、节日巧克力模具（图 0－1－20）。

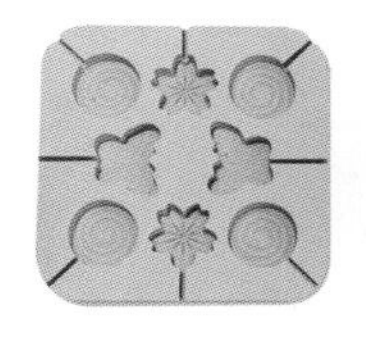

图 0－1－20　巧克力模具

（3）半成品及成品刻压模具：西式面点制作中使用广泛的成型及装饰模具之一（图 0－1－21）。

（4）蛋糕装饰模具：最常用的有奶油挤花袋、挤花嘴等（图 0－1－22）。

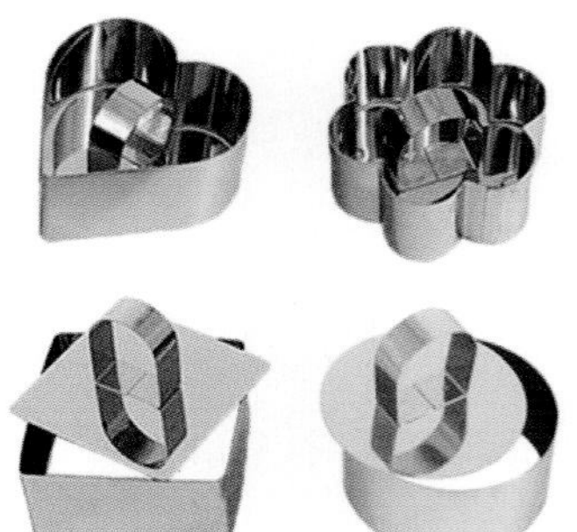

图 0－1－21　刻压模具

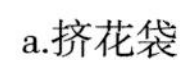

a.挤花袋

b.挤花嘴

图 0－1－22　蛋糕装饰模具

（四）面杖工具

面杖工具有通心槌和普通面杖，如图 0－1－23。

（1）普通面杖：主要用于小型混酥、清酥和面包面坯的成型等。

（2）通心槌：也称走槌，大走槌用于擀制体积较大的面坯，如清酥面坯等。

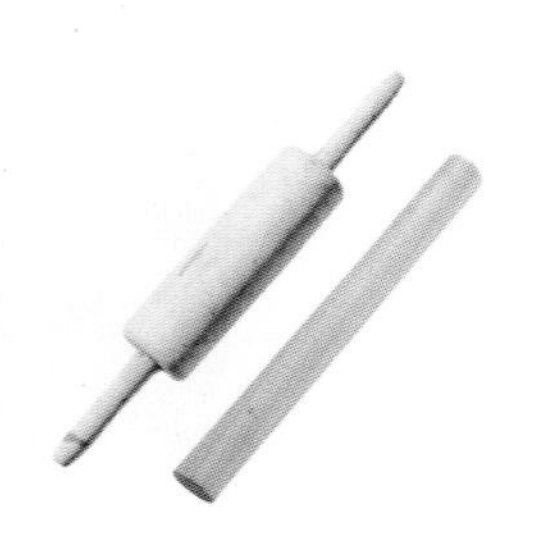

图 0－1－23　面杖工具

（五）案台工具

案台工具有刮刀、粉扫和粉筛等，如图 0-1-24 所示。

（1）刮刀：主要用于刮粉、和面、分割面团等。

（2）粉扫：用高粱苗或棕等原料制成，主要用于案台上粉料的清扫。

（3）粉筛：又称箩斗，主要用于筛面粉，过滤果蔬汁、蛋液、泥等。

a. 刮刀

b. 粉扫

c. 粉筛

图 0-1-24　案台工具

微课　西点常用设备、工具介绍

模块一　西点制作

西点主要是指来源于西方欧美国家的糕点，是以面粉、油脂、鸡蛋、糖、乳品等为主要原料，经过调制、成形、成熟、装饰等工艺过程制成的具有一定色、香、味、形、质的营养食品。西点营养价值丰富，花式小巧玲珑，兼具食用价值和观赏价值。

本模块主要包含以下几个项目：

塔和派、饼干类点心、泡芙（Puff）、清酥类点心。

项目一　塔和派

项目描述

塔和派属于混酥点心，是以面粉、油脂、糖和少量鸡蛋为主要原料，经过调制、成形、烘烤、装饰等工艺制成的一类不分层次的酥点。塔和派用料广泛、种类繁多，有的质地酥松，有的松脆致密，有的皮馅搭配，特色味浓，深受广大消费者的喜爱。本项目主要介绍几款比较有代表性的产品的制作工艺：水果塔、椰蓉塔、芝士塔、南瓜派、苹果派、柠檬派。

塔：英文 Tart 的音译，又称挞，呈敞开的盆状。

派：英文 Pie 的音译，呈扁平的圆盘状，直径为 20cm。

学习目标

☆ 掌握塔和派的原料及制作工艺，能按照工艺流程制作塔和派。

☆ 掌握塔和派面团的调制方法，能和制塔和派的面团。

☆ 掌握塔皮和派皮的擀制手法和技巧。

☆ 掌握塔皮和派皮的捏制手法，学会垫盘。

☆ 掌握塔馅的制作和挞液的制作。

☆ 掌握塔皮和派皮烘烤的温度和时间。

☆ 学会塔和派装饰和搭配，能举一反三。

☆ 学会合理分工，团结协作，养成良好的卫生习惯和职业规范。

☆ 能把握制作过程中的操作关键。

任务一　水果塔

学习目标

☆ 学会面团的调制手法，学会垫盏方法。

☆ 掌握烘烤的温度、时间，懂得装饰，体现美感。

☆ 养成良好的卫生习惯，职业规范。

水果塔以混酥面团为坯料，经和制、入模、成型、烘烤、装饰馅料等工艺制作而成。其制作过程主要包括皮料制作、入模成型、馅料装饰。水果塔是常见的塔类产品。本任务学习了解水果塔的特点，合理运用所给原料，熟练操作设备、工具制作产品，并进行成品鉴定分析。

成品标准

成型美观，色彩艳丽，香甜可口。

微课　水果塔

任务实施

一、制作工具

克秤、搅拌机、粉筛、刮板等。

二、制作配方

制作水果塔的配方见表 1－1－1 所列。

表 1－1－1　水果塔配方

组成部分	坯料					馅料				
投料顺序	A		B	C		D				
原料	糖粉	黄油	鸡蛋	低筋粉	泡打粉	奶油	猕猴桃	黄桃	草莓	果胶
质量/g	125	250	50	500	5	250	200	300	250	适量

三、制作过程

（1）挞皮：A 部分搅打均匀，打至体积膨大，颜色变浅，如图 1－1－1 和图 1－1－2 所示。

（2）加入 B 部分搅拌均匀，如图 1－1－3 和图 1－1－4 所示。

（3）加入过筛的 C 部分，用复叠式手法和成面团，如图 1－1－5 和图 1－1－6 所示。

（4）将面团分割成 18g/个，垫入菊花盏，如图 1－1－7 和图 1－1－8 所示。

图 1-1-1
加入黄油和糖粉

图 1-1-2
搅拌

图 1-1-3
加入鸡蛋

图 1-1-4
搅拌均匀

图 1-1-5　加粉搅匀

图 1-1-6　和制面团

图 1-1-7　分割

图 1-1-8　捏面

（5）入炉烘烤，上火 190℃，下火 150℃，烤至金黄色即可出炉。

（6）装饰：冷却后，挤入奶油，装饰水果，刷上果胶即可，如图 1-1-9 和图 1-1-10 所示。

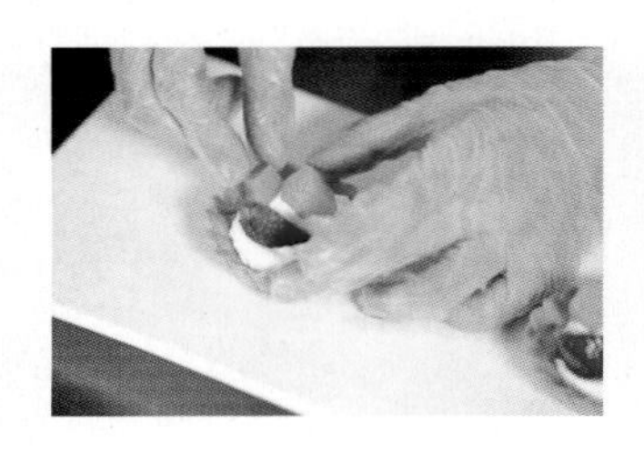

图 1-1-9　加入奶油和水果

图 1-1-10　成品展示

四、操作关键

（1）掌握面团软硬度。

（2）掌握正确的垫盏方法。

（3）掌握烘烤温度、时间。

任务二　椰蓉塔

学习目标

☆ 掌握椰蓉塔坯料的制作和馅料的煮制。

☆ 掌握烘烤的温度、时间。

☆ 合理分工，团结协作。养成良好的卫生习惯和职业规范。

椰蓉塔的制作过程除了以混酥面团为坯料外，最主要是馅料的煮制。椰蓉塔酥松香甜，椰香浓郁。本任务主要学习椰蓉塔的制作，除了坯料的制作，主要掌握馅料的煮制方法。

成品标准

色泽金黄，大小均匀，口味酥松香甜，椰香浓郁。

任务实施

一、制作工具

克秤、搅拌机、粉筛、刮板、圆形切模等。

二、制作配方

制作椰蓉塔的配方见表1－1－2所列。

表1－1－2　椰蓉塔的制作配方

组成部分	馅料									坯料（与水果塔相同）			
投料顺序	A				B		C	D		E		F	G
原料	细砂糖	麦芽糖	生油	水	低筋粉	水	椰蓉	鸡蛋	泡打粉	糖粉	黄油	鸡蛋	低筋粉
质量/g	250	150	350	500	300	400	750	350	12	125	250	50	500

三、制作过程

1. 制作馅料

（1）A部分放入锅中煮开，如图1－1－11和图1－1－12所示。

（2）B部分搅拌至细滑，加入A搅拌均匀，再加入C拌匀，如图1－1－13和图1－1－14所示。冷却后加入D拌匀，放置备用，如图1－1－15和图1－1－16所示。

图1－1－11　水中加油、糖

图1－1－12　溶化煮开

图1－1－13　向面水中加入糖油水

图1－1－14　加椰蓉拌匀

图1－1－15　加入鸡蛋和泡打粉

图1－1－16　拌匀的椰蓉馅心

2. 制作塔皮

(1) E部分搅打均匀，打至体积膨大，颜色变浅（见水果塔中图1-1-1和图1-1-2）。

(2) 加入F部分搅拌均匀（见水果塔中图1-1-3和图1-1-4）。

(3) 加入过筛的G部分，用复叠式手法和成面团（见水果塔中图1-1-5和图1-1-6）。

(4) 将面团分割成18g/个，垫入菊花盏内，装入馅料如图1-1-17和图1-1-18所示。

(5) 入炉烘烤，上火180℃，下火200℃，烤至金黄色即可出炉，如图1-1-19和图1-1-20所示。

图1-1-17 捏塔皮入盏

图1-1-18 加入椰蓉馅

图1-1-19 生坯入烤箱

四、操作关键

(1) 掌握皮、馅软硬度。

(2) 擀皮厚薄均匀。

(3) 掌握烘烤温度、时间。

图1-1-20 烤好成品

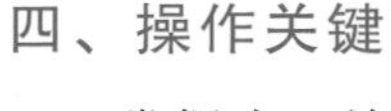

任务二 芝士挞

学习目标

☆ 学会芝士挞皮的制作，学会挞液的调制。

☆ 掌握芝士挞皮的捏制技巧和烘烤的温度、时间。

☆ 合理分工，团结协作，养成良好的卫生习惯和职业规范。

芝士挞以混酥面团为坯料，经和制、入模、成型、填馅、烘烤等工艺制作而成。其制作过程主要包括皮料制作、入模成型、调制馅料。芝士挞的坯料加入了芝士，奶香味浓郁。本任务学习挞皮的制作和挞液的调制，合理运用所给原料，熟练操作设备、工具制作产品，并进行成品鉴定分析。

成品标准

成型美观，色泽金黄，挞馅细腻嫩滑。

任务实施

一、制作工具

克秤、手动打蛋器、粉筛、刮板、量杯等。

微课 芝士挞

二、制作配方

制作芝士挞的配方见表 1-1-3 所列。

表 1-1-3 制作芝士挞的制作配方

组成部分	挞皮			芝士馅		
投料顺序	A			B		
原料	黄油	奶油奶酪	低筋面粉	奶油奶酪	细砂糖	鸡蛋
质量/g	120	60	160	300	55	75

三、制作过程

1. 制作挞皮

（1）将软化的黄油、奶油奶酪、面粉混合均匀至没有颗粒感，揉成一个光滑的面团，如图 1-1-21 和图 1-1-22 所示。

（2）将面团分成 15g/个，垫入蛋挞模具，如图 1-1-23 和图 1-1-24 所示。

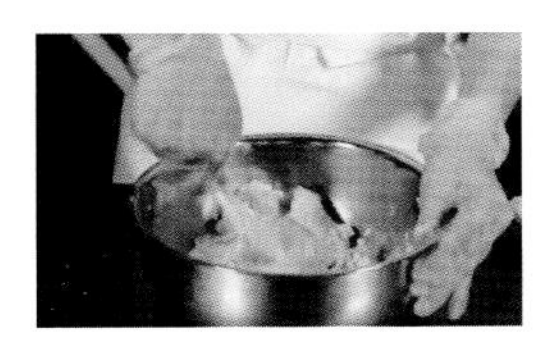

图 1-1-21
混合黄油、奶酪和面粉

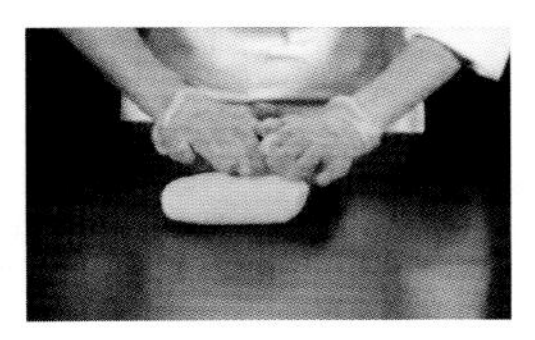

图 1-1-22
揉制面团

图 1-1-23
分割下剂

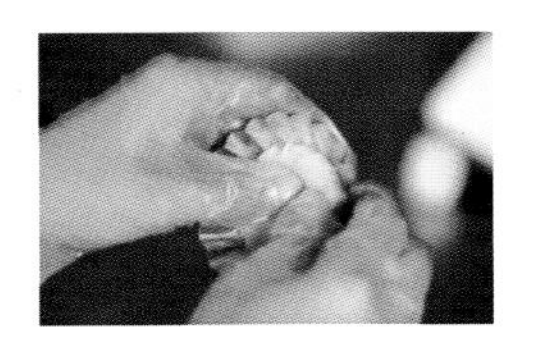

图 1-1-24
捏制蛋挞皮

2. 制作芝士馅

奶油奶酪和部分糖搅拌均匀，再加入鸡蛋搅打均匀，如图 1-1-25 和图 1-1-26 所示。

3. 装馅

将芝士馅装入裱花袋，挤入捏好的挞皮，如图 1-1-27 和图 1-1-28 所示。

图 1-1-25
搅拌奶酪和糖

图 1-1-26
加入鸡蛋搅拌均匀

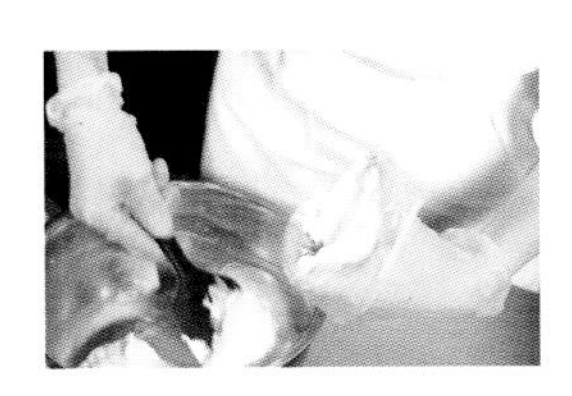

图 1-1-27
把馅装入裱花袋

图 1-1-28
挤馅料入挞盏

4. 烘烤

入炉烘烤，上火 180℃，下火 200℃，烤约 30min，芝士馅凝固即可出炉。如图 1-1-29 和图 1-1-30 所示。

5. 装饰

出炉摆盘，装饰薄荷叶如图 1-1-31 和图 1-1-32 所示。

图 1-1-29　入炉烤制

图 1-1-30　烤好的芝士挞

图 1-1-31　插入荷叶芽

四、操作关键

（1）掌握面团软硬度。
（2）掌握正确的垫盏方法。
（3）蛋挞液调制细腻。
（4）掌握烘烤温度、时间。

图 1-1-32　芝士挞成品

任务四　南瓜派

学习目标

☆ 学会南瓜派生坯面团的调制及擀制手法。学会垫盘成型的方法。
☆ 掌握南瓜派的入盘的按压技巧和烘烤的温度、时间。
☆ 合理分工，团结协作，养成良好的卫生习惯和职业规范。

南瓜派为生皮、生馅派，以混酥面团为坯料，经和制、擀制、入模、成形、制馅、填馅、烘烤等工艺制作而成。其制作过程主要包括皮料制作、入模成型、馅料调制。制皮和调馅是决定南瓜派品质的关键。本任务学习了解南瓜派的特点，合理运用所给原料，熟练操作设备、工具制作产品，并进行成品鉴定分析。

成品标准

形状圆整，色泽金黄光亮，皮酥馅软，南瓜味浓。

任务实施

一、制作工具

克秤、手动打蛋器、粉筛、擀面棍、刮板、派盘等。

二、制作配方

南瓜派的配方见表 1-1-4 所列。

表 1-1-4　制作南瓜派的配方

组成部分	坯料				馅料			
投料顺序	A		B	C	D			
原料	黄油	糖粉	鸡蛋	低筋粉	南瓜泥	鸡蛋	细砂糖	淡奶油
质量/g	330	165	50	500	500	200	60	250

三、制作过程

1. 制作派皮

(1) ABC 部分拌匀，加水和成团，如图 1-1-33 和图 1-1-34 所示。

(2) 面团冷藏静置松弛 30min 后，用擀面棍将面团擀成厚 0.3cm 的皮料，如图 1-1-35 和图 1-1-36 所示。

(3) 铺入派盘，去除多余部分，按压平整，并在底部均匀扎孔，静置备用，如图 1-1-37和图 1-1-38 所示。

图 1-1-33　搅拌黄油和糖粉

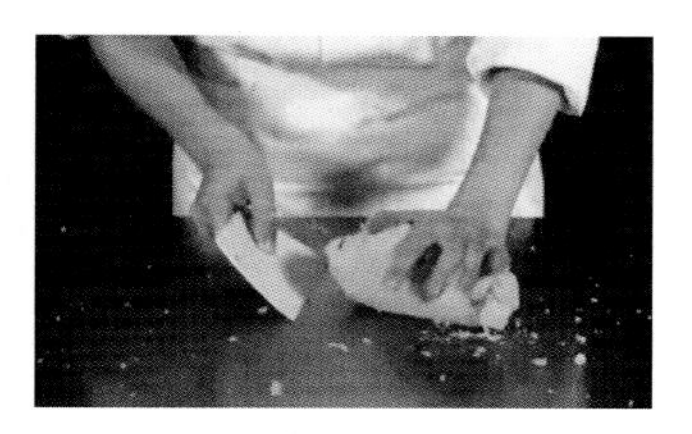
图 1-1-34　和制面团

图 1-1-35　入冰箱冰藏

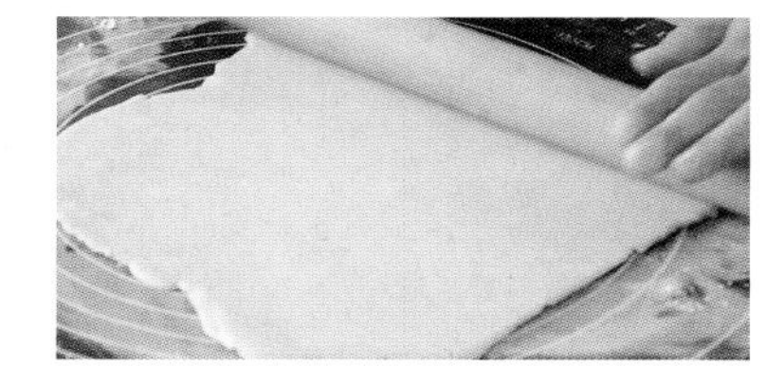
图 1-1-36　擀制

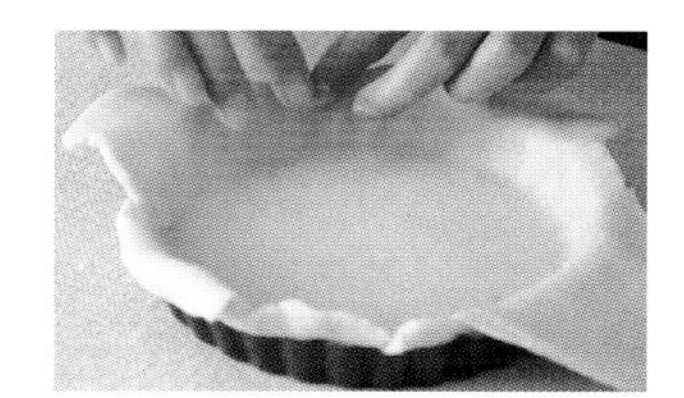
图 1-1-37　皮料入派盘压平

图 1-1-38　用叉子扎孔

2. 制作南瓜馅

(1) 南瓜去皮蒸熟，捣成泥，如图 1-1-39 和图 1-1-40 所示。

(2) 将南瓜泥、蛋液、细砂糖搅拌均匀至糖溶解，分次加入淡奶油，拌匀即可，如图 1-1-41和图 1-1-42 所示。

图 1-1-39
南瓜切块蒸熟

图 1-1-40
捣烂成泥

图 1-1-41
馅心原料展示

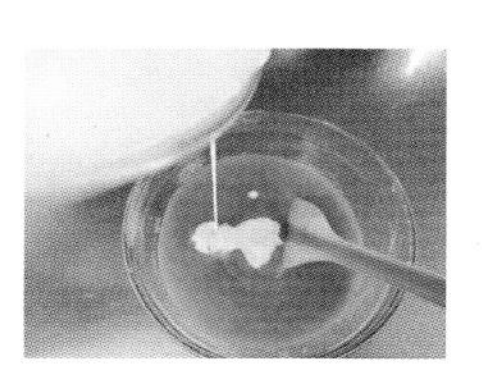
图 1-1-42
加入淡奶油拌匀

3. 烘烤

将南瓜馅倒入派盘中，约九分满，入炉烘烤，上火180℃，下火200℃，20～30min，烤至边缘金黄色即可出炉。如图1－1－43和图1－1－44所示。

4. 装饰

出炉冷却后，撒糖粉，点缀水果，如图1－1－45和图1－1－46所示。

图1－1－43　馅料入派盘

图1－1－44　烤制

图1－1－45　撒糖粉

四、操作关键

（1）采用复叠式手法调制面团，掌握面团软硬度。
（2）掌握正确的垫盘方法。
（3）南瓜应选用含水量低、含淀粉量高的老南瓜。
（4）掌握烘烤温度、时间。

图1－1－46　装饰点缀

任务五　苹果派

学习目标

☆ 学会苹果派面团的调制及擀制手法。学会垫盘的方法。
☆ 学会苹果馅的调制，掌握调制技巧。
☆ 学会盖皮编制技巧和装饰方法。
☆ 掌握苹果派烘烤的温度、时间。
☆ 合理分工，团结协作，养成良好的卫生习惯和职业规范。

苹果派为双生皮、熟馅派，以混酥面团为坯料，经和制、擀制、入模、成形、制馅、填馅、盖皮、烘烤等工艺制作而成。其制作过程主要包括皮料制作、入模成型、馅料调制、盖皮装饰。苹果派果香味浓，酸甜可口，是派类的经典代表。本任务学习苹果馅的调制和盖皮装饰。

微课　苹果派

成品标准

形状圆整美观，色泽金黄光亮，皮酥馅软，果味浓郁。

任务实施

一、制作工具

克秤、手动打蛋器、粉筛、擀面棍、刮板、派盘等。

二、制作配方

苹果派的制作配方见表 1-1-5 所列。

表 1-1-5　苹果派的制作配方

组成部分	坯料					馅料				
投料顺序	A		B	C	D	E				
原料	黄油	盐	杏仁粉	中筋粉	水	苹果	细砂糖	蜂蜜	肉桂粉	柠檬汁
质量/g	195	3	30	300	60	3个	30	40	2	2ml

三、制作过程

1. 制作派皮

苹果派派皮的配方与南瓜派派皮的配方有差异，但制作方法和流程相同。

（1）A、B、C 部分拌匀，加水和成团（见南瓜派中图 1-1-33 和图 1-1-34）。

（2）面团冷藏静置松弛 30min 后，用擀面棍将面团擀成厚 0.3cm 的皮料（见南瓜派中图 1-1-35 和图 1-1-36）。

（3）铺入派盘，去除多余部分，按压平整，并在底部均匀扎孔，静置备用（见南瓜派中图 1-1-37 和图 1-1-38）。

2. 制作苹果馅

（1）苹果去皮切丁，如图 1-1-47 和图 1-1-48 所示。

（2）分别加入细糖、肉桂粉、蜂蜜，柠檬汁炒制苹果丁变软，如图 1-1-49 所示。

图 1-1-47　苹果去皮　　图 1-1-48　苹果切丁　　图 1-1-49　炒制苹果块

3. 填馅

将苹果馅铺入派盘中，约八分满，表面交叉覆盖大小均匀的混酥面剂条，如图 1-1-50 和图 1-1-51 所示。

4. 烘烤

表面刷上蛋液，入炉烘烤，上火180℃，下火200℃，烤20～30min，烤至金黄色即可出炉，冷却撒糖粉装饰，如图1-1-52和图1-1-53所示。

图1-1-50　装苹果馅

图1-1-51　放混酥面剂条

图1-1-52　苹果派生坯

四、操作关键

(1) 采用复叠式手法调制面团，掌握面团软硬度。

(2) 掌握正确的垫盘方法。

(3) 苹果馅调制合适的黏稠度。

(4) 掌握烘烤温度、时间。

图1-1-53　烤好苹果派

知识链接

混酥面团的调制

混酥面团的调制方法有很多，在实际应用中，基本的方法有糖油调制法和油面调制法。

1. 糖油调制法

将糖和油脂一起放入搅拌桶内，混合搅拌成乳白色膏状；分次加入蛋液搅拌均匀，再加入筛过的面粉和发酵粉的混合物，最后成光滑的面团即可。

操作中加入面粉后不能久拌，而且如用手操作应使用叠式手法，以防止面团起筋。糖油调制法是西式面点制作中最常用的方法。

2. 油面调制法

用机器或手将油脂混入面粉中，用慢速或中速搅拌均匀。如用手操作，可用双手搓擦的方法将面粉和油脂混合至呈屑状，将糖、蛋液或水加入，混合成光滑的面团即可。

任务十　柠檬挞

学习目标

☆ 正确掌握蛋挞皮的制作方法。掌握蛋挞内馅的制作方法。

☆ 能按照制作工艺流程，在规定时间内完成柠檬挞的制作。

☆ 培养学生养成良好的卫生习惯和职业规范。

柠檬挞颜色清亮，挞皮扎实，香味清新，味道酸甜又清爽。了解柠檬挞的产品特点，熟练掌握原料及设备使用、产品的制作工艺，产品制作完成后能够进行品质鉴定分析。

成品标准

柠檬挞的味道酸甜爽口，柠檬奶油酱顺滑浓稠，糖渍的柠檬片香甜。

任务实施

一、制作工具

蛋抽、擀面杖、圆形塔模具。

二、制作配方

柠檬挞的制作配方见表 1－1－6 所列。

表 1－1－6　柠檬挞的制作西方

组成部分	柠檬挞皮						柠檬酱			
投料顺序	A					B	C			
原料	低筋面粉	糖粉	盐	黄油	柠檬屑	蛋黄	糖粉	柠檬汁	黄油	全蛋
质量/g	200	70	2	100	10	60	120	50	175	150

三、制作过程

1. 制作挞皮

（1）将 A 全部放入搅拌机内，搅拌均匀成黏性的膏状（见图 1－1－54），然后加入 B 混合，得到颜色均匀的黏性柔软面团（图 1－1－55）。用保鲜膜包好，放入冰箱冷藏 60min。

（2）将面团擀成 2～3mm 厚（图 1－1－56），用模具刻出比塔模大一些的圆形（图 1－1－57），小心放入塔模具中，将多余部分去除后（图 1－1－58），用牙签在底部戳小孔（图 1－1－59），中间隔烘烤纸压上重物（图 1－1－60）。

图 1－1－54
拌挞皮粉

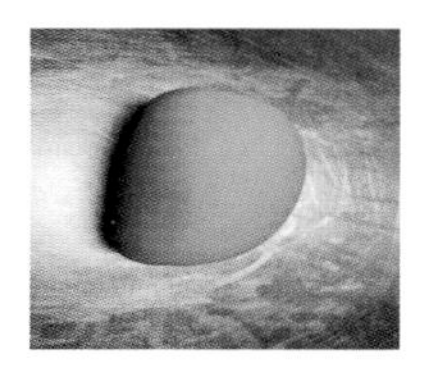

图 1－1－55
挞皮面团

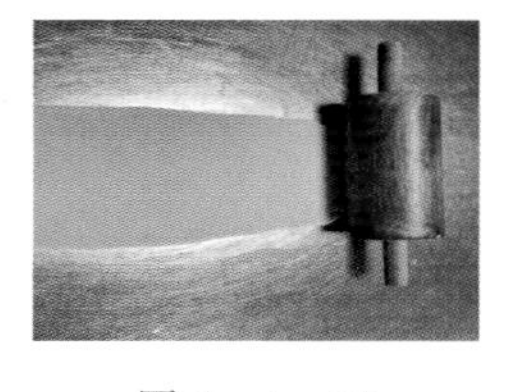

图 1－1－56
擀挞皮

图 1－1－57
刻出圆皮

（3）放入预热好的 180℃的烤箱中，先烤 12min 左右；取出重物和烘烤纸后，再烤 3min 左右上色即可（图 1－1－61）。

图 1-1-58
捏挞皮

图 1-1-59
戳小孔

图 1-1-60
压重物

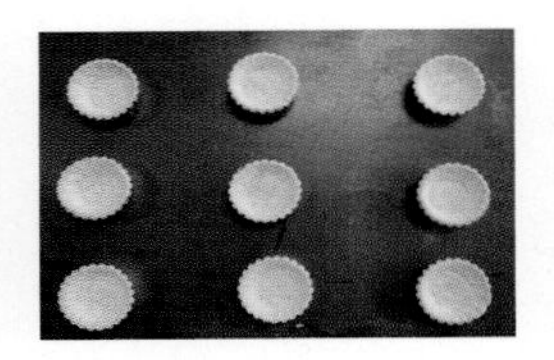
图 1-1-61
成熟挞皮

2. 制作柠檬酱

将C混合搅匀后（图 1-1-62）隔水加热（图 1-1-63），其间不断搅拌，直到酱汁变得很稠后离火，过滤酱糊（图 1-1-64），放入冰箱冷藏至完全放凉（图1-1-65）。

图 1-1-62　搅拌柠檬酱

3. 成品

将放凉的柠檬酱挤入烤好的挞皮中（图 1-1-66），表面抹平，放回冰箱冷藏即可。食用时可用糖渍的柠檬片进行装饰（图 1-1-67）。

图 1-1-63　加热柠檬酱

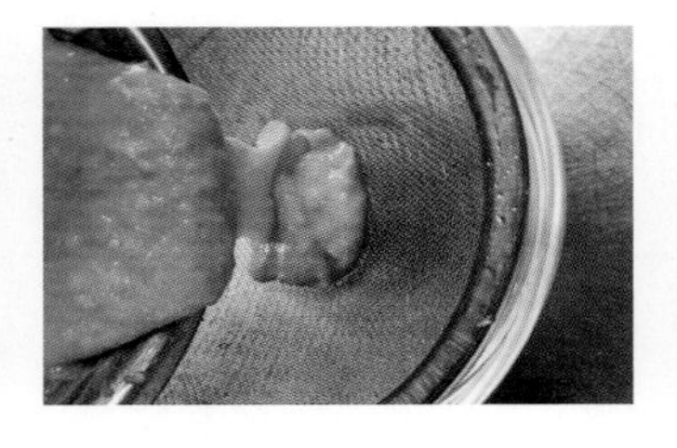
图 1-1-64　过滤酱糊

图 1-1-65　柠檬酱成品

图 1-1-66　挤柠檬酱

图 1-1-67　柠檬酱成品

四、操作关键

（1）刮柠檬皮一定要薄，如果刮到白色部分，味道会有点苦。

（2）挞皮不要搅拌过度，无明显干粉即可，这样口感会更酥。

（3）挞馅微酸，可按自己的接受度加减柠檬汁和糖量。

（4）挞皮放入模具时必须紧贴模具，压重物主要为了防止烘烤过程中挞皮鼓起。

知识链接

柠檬挞的装饰可用意式蛋白霜：将糖和水混合加热至沸腾，开始用手持电动打蛋器打蛋白，当糖水温度达到121℃时，缓缓地将糖水倒入蛋白，同时继续高速打发，之后继续打发直到打蛋盆用手摸上去恢复室温。蛋白霜应该是细腻有光泽的，口味上结合了柠檬的酸、杏仁的香味和意式蛋白霜的甜。

项目二　饼干类点心

项目描述

饼干类点心是西点的一大类，品种繁多，款式多变，口味丰富，具有造型薄而小巧、制作精良、包装运输方便等特点。饼干类制品以面粉、糖类、油脂、鸡蛋为主要原料，配以乳品、膨松剂等调制而成，可采用擀制或挤注方式成形。本项目主要介绍芝麻薄片、手指饼、蔓越莓饼干、奶油曲奇、马卡龙的制作工艺。

学习目标

☆ 掌握饼干类原料及制作工艺。
☆ 能按照工艺流程制作饼干。
☆ 能把握制作过程中的关键操作。

任务一　芝麻薄片

学习目标

☆ 学会芝麻薄片面糊的调制及挤注手法。
☆ 掌握芝麻薄片烘烤的温度、时间。
☆ 合理分工，团结协作，养成良好的卫生习惯和职业规范。

芝麻薄片是饼干类一款经典的产品，主要以蛋清为原料，经调制、挤注、成形、烘烤等工艺制作而成。芝麻薄片松酥香脆，营养美味。本任务学习芝麻薄片的面糊调制、挤注手法。

成品标准

形状圆整美观，色泽金黄，松酥香脆。

任务实施

一、制作工具

克秤、手动打蛋器、粉筛、裱花袋等。

二、制作配方

芝麻薄片的配方见表1-2-1所列。

表1-2-1 芝麻薄片的制作配方

投料顺序	A			B	
原料	蛋清	细砂糖	色拉油	低筋粉	白芝麻
质量/g	200	150	80	80	100

三、制作过程

1. 调制面糊

（1）A部分慢速搅拌拌匀，至糖溶化，如图1-2-1和图1-2-2所示。

（2）加入过筛的B部分拌匀，过筛静置15min，如图1-2-3和图1-2-4所示。

（3）将C加入拌匀，装入裱花袋，如图1-2-5和图1-2-6所示。

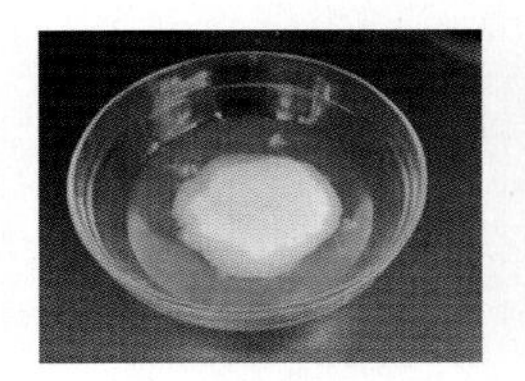

图1-2-1 混合蛋清、糖和色拉油

图1-2-2 搅拌溶化

图1-2-3 加低筋粉搅拌

图1-2-4 过筛静置

2. 烘烤

在烤盘上挤制大小一致的圆形，入炉烘烤，上火190℃，下火150℃，约15min，烤至金黄色即可出炉，如图1-2-7和图1-2-8所示。

图1-2-5 加入白芝麻

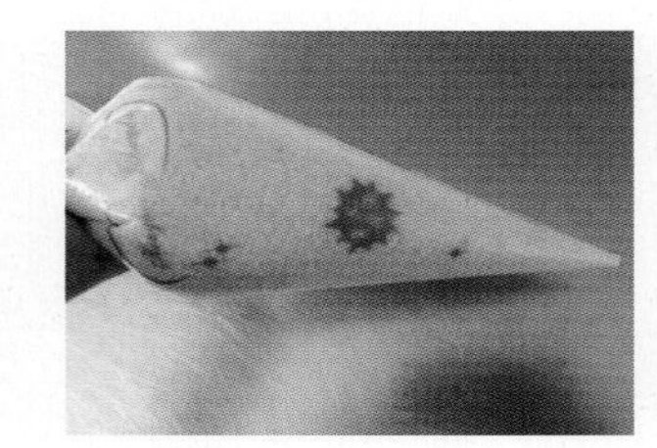

图1-2-6 装入裱花袋

图1-2-7 挤入烤模中

四、操作关键

（1）调制好的面糊要过筛，静置15min。

（2）成形时大小均匀、圆整。

（3）掌握烘烤的温度、时间。

图1-2-8 烤制成熟

任务二　手指饼干

学习目标

☆ 学会手指饼干面糊的调制及挤注手法。
☆ 掌握手指饼干烘烤的温度、时间。
☆ 合理分工，团结协作，养成良好的卫生习惯和职业规范。

手指饼干属于面糊类饼干，因形似手指而得名，主要以鸡蛋、面粉为原料，经调制、挤注、成形、烘烤等工艺制作而成。手指饼既可以单独作为小零食食用，也是提拉米苏的主要配料之一。本任务学习手指饼的面糊调制、挤注手法。

成品标准

形似手指，长短均匀，色泽微黄，口感松软。

微课　手指饼干

任务实施

一、制作工具

克秤、手动打蛋器、粉筛、裱花袋、硅胶刮刀等。

二、制作配方

手指饼干制作配方见表 1－2－2 所列。

表 1－2－2　手指饼干制作配方

投料顺序	A			B	C	
原料	蛋黄	细砂糖	香草精	蛋白	细砂糖	低筋粉
质量/g	90	40	适量	140	70	140

三、制作过程

1. 调制面糊

（1）蛋黄中加 40g 糖，滴入几滴香草精，打至蛋黄变得浓稠，颜色变浅，体积膨大，如图 1－2－9 和图 1－2－10 所示。

（2）蛋白分次加入 70g 糖，用打蛋器打发至干性发泡，如图 1－2－11 和图 1－2－12 所示。

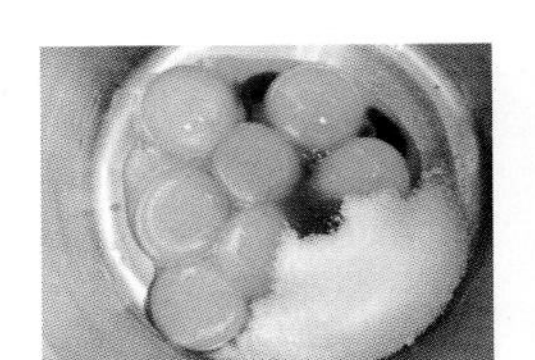

图 1-2-9
混合蛋黄和糖

图 1-2-10
搅拌均匀至膨大

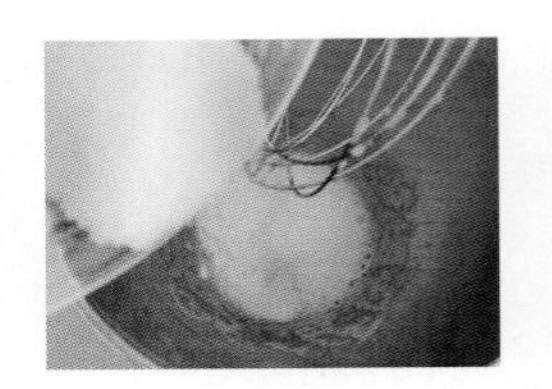

图 1-2-11
混合蛋白液和糖

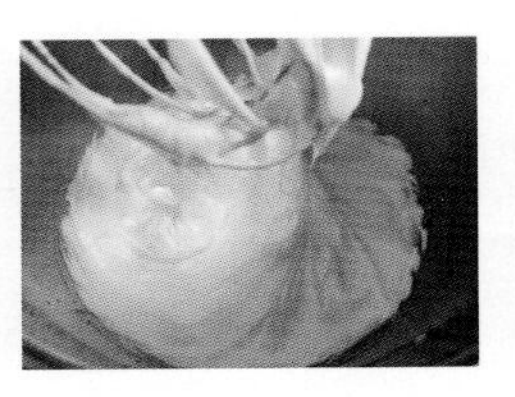

图 1-2-12
搅打至发泡

(3) 盛 1/2 蛋白到蛋黄糊里翻拌均匀，再加入 1/2 过筛后的低筋粉，翻拌均匀如图 1-2-13和图 1-2-14 所示。

(4) 重复第 (3) 步，将剩余的蛋白、低筋粉加入，翻拌均匀，成为浓稠的面糊，如图 1-2-15和图 1-2-16 所示。

图 1-2-13
混合部分蛋白糊和蛋黄糊

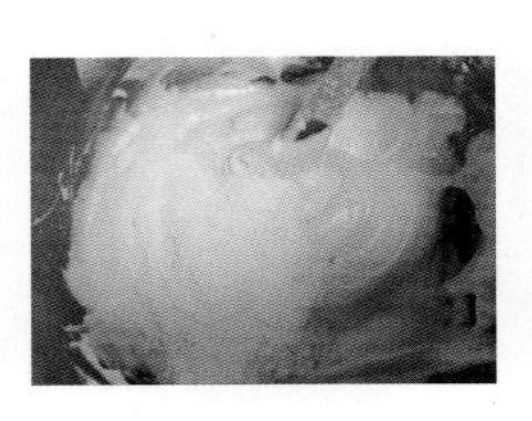

图 1-2-14
加入部分面粉搅拌

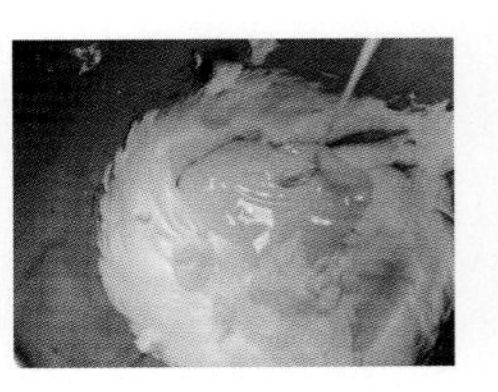

图 1-2-15
蛋白糊和蛋黄糊全部混合

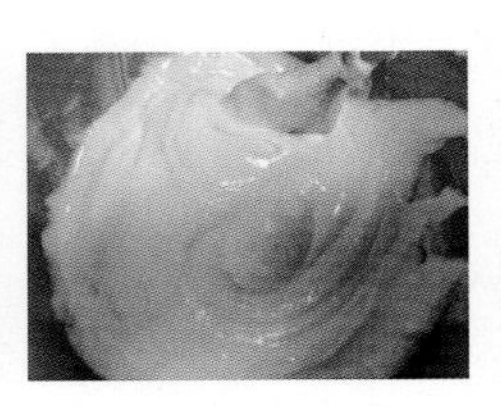

图 1-2-16
加完面料搅均匀

2. 挤制

把面糊装入裱花袋，在烤盘上（垫油纸）挤出条状如图 1-2-17 和图 1-2-18 所示。

3. 烘烤

放入预热好的烤箱，上火 190，下火 170℃，10min 左右，烤至表面金黄色如图 1-2-19 和图 1-2-20 所示。

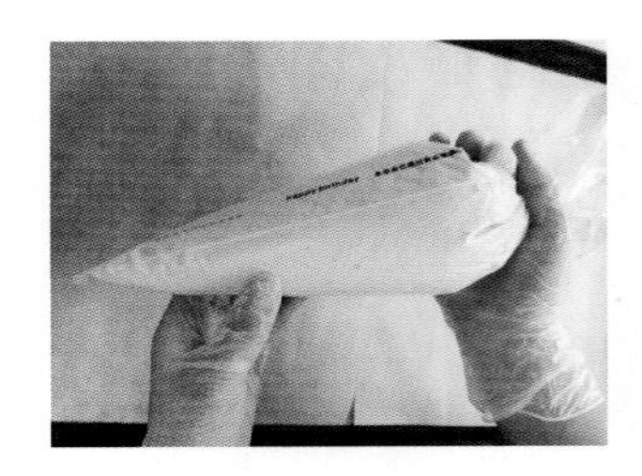

图 1-2-17　加入裱花袋

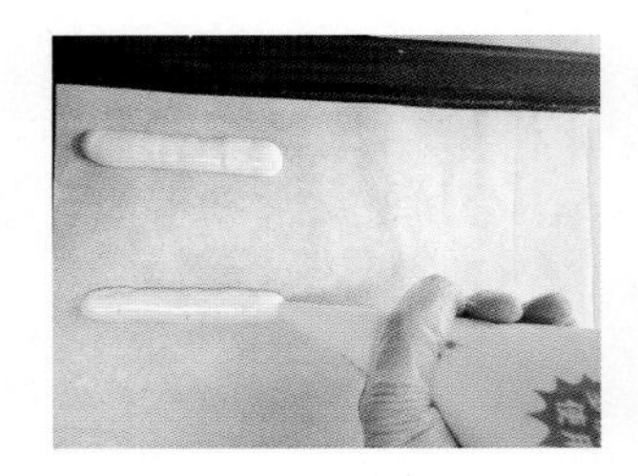

图 1-2-18　挤出条状

图 1-2-19　放入预热的烤箱

四、操作关键

(1) 面糊调制的手法，应采用翻拌。

(2) 成形时长短粗细一致。

(3) 掌握烘烤的温度、时间。

图 1-2-20　手指饼干成品

任务二　蔓越莓饼干

学习目标

☆ 学会蔓越莓饼干面团的调制及擀制手法。
☆ 掌握蔓越莓饼干烘烤的温度、时间。
☆ 合理分工，团结协作，养成良好的卫生习惯和职业规范。

蔓越莓饼干属于面团类饼干，主要以鸡蛋、黄油、面粉、蔓越莓干为原料，经和制、擀压、成形、烘烤等工艺制作而成。蔓越莓干富含令肌肤美丽健康的维生素C，营养丰富，酸甜可口。本任务学习蔓越莓饼干的面团调制、擀制手法。

成品标准

外形美观，大小均匀，色泽微黄，口感酥脆。

微课　蔓越莓饼干

任务实施

一、制作工具

克秤、搅拌机、粉筛、硅胶刮刀等。

二、制作配方

蔓越莓饼干的制作配方见表1-2-3所列。

表1-2-3　蔓越莓饼干的制作配方

投料顺序	A		B	C	D
原料	黄油	糖粉	鸡蛋	低筋粉	蔓越莓干
质量/g	250	150	50	350	125

三、制作过程

1. 调制面糊

（1）黄油软化后，加入糖粉拌匀，搅打至体积膨胀，颜色变浅，如图1-2-21和图1-2-22所示。

（2）加入蛋液搅匀后，再倒入蔓越莓干拌匀，如图1-2-23和图1-2-24所示。

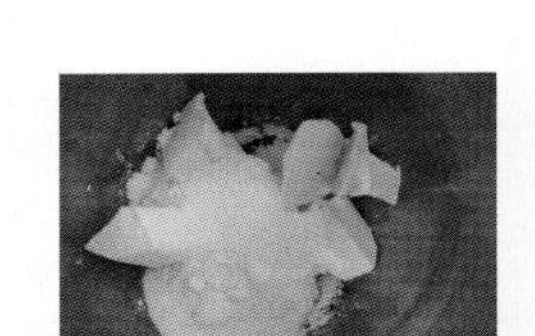
图 1-2-21
混合黄油和糖粉

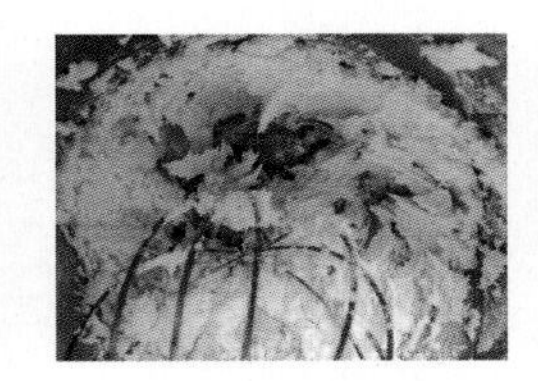
图 1-2-22
搅打均匀至膨胀

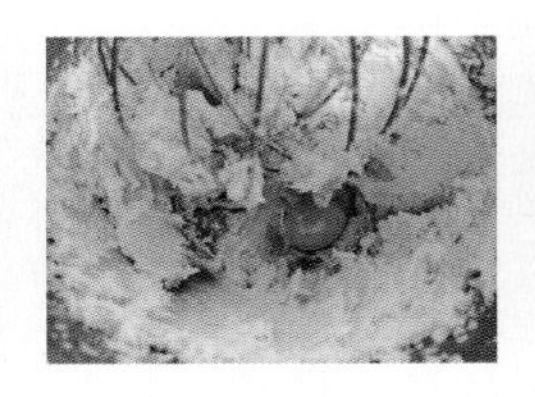
图 1-2-23
加入蛋液搅打均匀

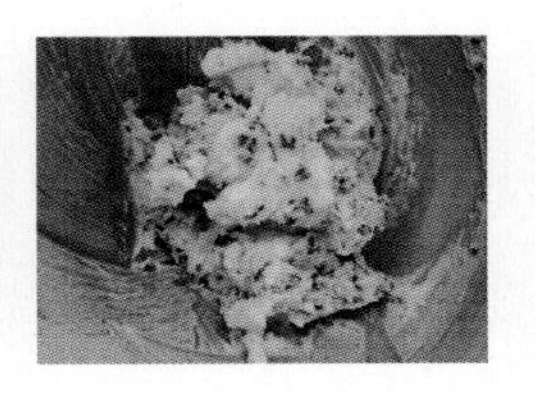
图 1-2-24
加入蔓越莓干拌匀

2. 整形

筛入低筋粉、拌匀，折叠按压成团，再整成长方体，放入冰箱冷冻定型，如图 1-2-25 和图 1-2-26 所示。

3. 切件

将冻硬的长方形面团用刀切成厚约 0.7cm 的片，摆入烤盘，如图 1-2-27 和图 1-2-28 所示。

4. 烘烤

将烤盘放入预热好的烤箱，上火 190℃，下火 150℃，烤 15～20min，烤至金黄色出炉，如图 1-2-29 和图 1-2-30 所示。

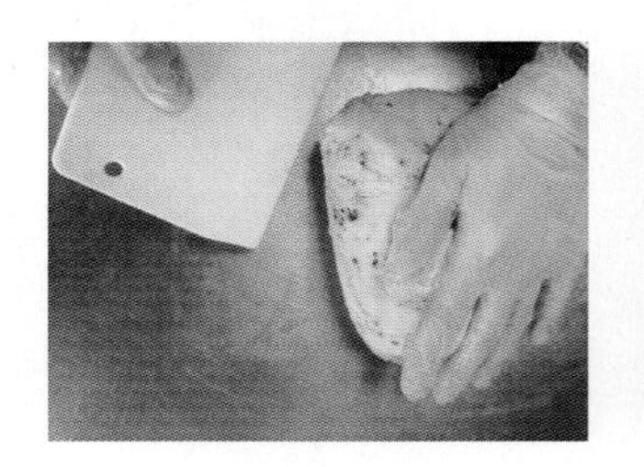
图 1-2-25
加入面粉和成团

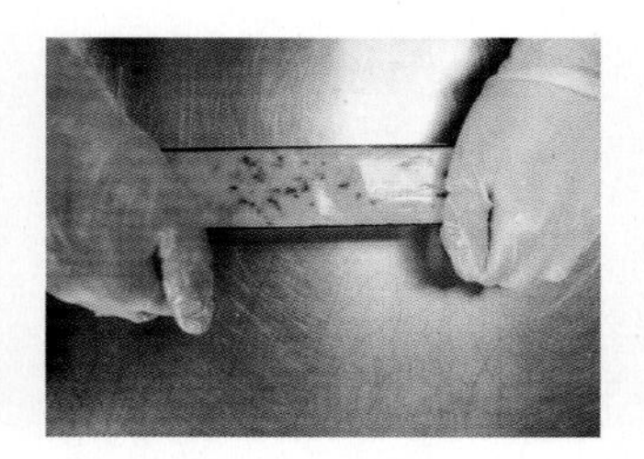
图 1-2-26
整成长方体冷冻定型

图 1-2-27
切片成型

图 1-2-28
摆入烤盘

图 1-2-29
烤制

图 1-2-30
蔓越莓饼干成品

四、操作关键

（1）面团的调制要软硬适中，搅拌要均匀。

（2）大小均匀，厚薄一致。

（3）烘烤的温度、时间。

任务四　奶油曲奇

学习目标

☆ 学会奶油曲奇面糊的调制及挤制手法。

☆ 掌握奶油曲奇烘烤的温度、时间。

☆ 合理分工，团结协作，养成良好的卫生习惯和职业规范。

奶油曲奇属于酥松性曲奇，油脂经过搅打注入了很多空气，体积变得膨松，使得面糊松软，经烘烤变得酥松。奶油曲奇是饼干类一款非常经典的产品，深受人们喜爱。本任务主要学习奶油曲奇的制作工艺，包括面糊的调制、挤制手法。

成品标准

微课　奶油曲奇

外形美观，花纹清晰，色泽金黄，口感酥松。

任务实施

一、制作工具

克秤、搅拌机、粉筛、硅胶刮刀等。

二、制作配方

奶油曲奇的制作配方如表1-2-4所列。

表1-2-4　奶油曲奇制作配方

投料顺序	A		B	C	
原料	黄油	糖粉	鸡蛋	低筋粉	奶粉
质量/g	250	125	80	344	15

三、制作过程

1. 调制面糊

(1) A部分拌匀，搅打至体积膨大，颜色稍稍变浅如图1-2-31和图1-2-32所示。

(2) 分次加入蛋液搅匀，如图1-2-33和图1-2-34所示。

图 1-2-31
混合黄油和糖粉

图 1-2-32
搅打均匀

图 1-2-33
加入蛋液

图 1-2-34
搅打均匀

（3）加入过筛的 C 部分拌匀，如图 1-2-35 和图 1-2-36 所示。

2. 挤制成形

将面糊装入裱花袋，在烤盘上挤出造型，如图 1-2-37 和图 1-2-38 所示。

3. 烘烤

入炉烘烤，上火 180℃，下火 150℃，烤 15～20min 至金黄色出炉，（图 1-2-39）。

图 1-2-35
加入面粉和奶粉

图 1-2-36
搅拌均匀

图 1-2-37
面糊装入裱花袋

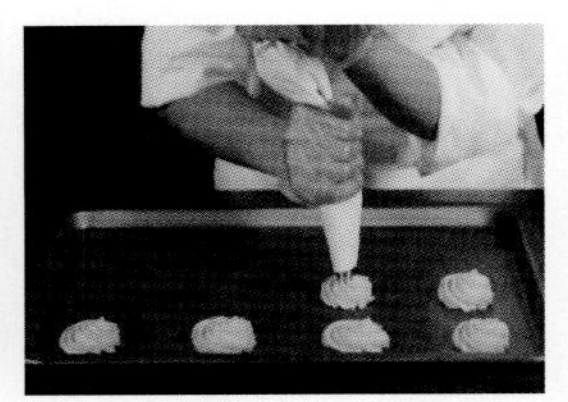
图 1-2-38
挤出造型

四、操作关键

（1）掌握面糊的稀稠度。
（2）粉料过筛、搅拌时避免起筋。
（3）掌握烘烤的温度、时间。

图 1-2-39 奶油曲奇饼干

知识链接

饼干的分类

饼干的分类方法有很多，按照其原料、工艺和风味的不同可分为四大类，即酥性饼干、韧性饼干、甜酥性饼干和苏打饼干。韧性饼干的油、糖用量较少，因而要求面团具有较好的胀润度，是一种中低档饼干；酥性饼干的糖、油用量高于韧性饼干，其面团弹性小，可塑性大，制品酥松；甜酥性饼干的糖、油用量更大，属于高档产品，面团的弹性极小，光润而柔软，可塑性极好，其成品结构紧密，品质酥松，入口易化；苏打饼干属于发酵类产品，有甜、咸两种，可使用韧性饼干的配料比进行生产，其中糖用量较少，其成品口感酥松，断面有清晰的层次结构。

任务五　马卡龙

学习目标

☆ 掌握马卡龙的原料及制作工艺。
☆ 了解马卡龙制作过程中的操作要点。
☆ 能按照制作工艺流程，在规定时间内完成马卡龙的制作。

马卡龙又称玛卡龙、法式小圆饼，是一种用蛋白、杏仁粉、白砂糖和糖霜所做的法式甜点，通常在两块饼干之间夹有水果酱或奶油等内馅。这种甜食出炉后，以一个圆形平底的壳作基础，上面涂上调合蛋白，最后加上一个半球状的上壳，形成一个圆形小巧甜点，口感丰富，是法国西部维埃纳省最具地方特色的美食。马卡龙是一款经典法式甜点，两块口感酥脆的小圆饼包裹着绵密柔软的果酱内馅，赋予了法式马卡龙独一无二的外观和口感。本任务介绍马卡龙的制作工艺，了解马卡龙的产品特点，熟练掌握原料及设备使用、产品的制作工艺，产品制作完成后能够进行品质鉴定分析。

成品标准

口感丰富，外脆内柔，外观五彩缤纷，精致小巧。

微课　马卡龙

任务实施

一、制作工具

搅拌器、粉筛、烤盘、橡皮刮刀、裱花袋、抹刀等。

二、制作配方

马卡龙的制作配方见表 1－2－5 所列。

表 1－2－5　马卡龙制作配方

投料顺序	A		B	C
原料	杏仁粉	糖粉	蛋白	细糖
质量/g	360	400	300	450

三、制作过程

（1）制作蛋白霜：细糖分两次加入蛋白中打发至硬性，提起打蛋器有一个尖尖的角（图 1－2－40）

（2）制作面糊：蛋白霜倒入过筛的A，用橡皮刮刀上下翻拌（图1-2-41），拌匀后的面糊可如缎带般地缓缓流动（图1-2-42），可适当添加颜色，装入裱花袋（图1-2-43和图1-2-44）

图1-2-40
打发蛋白霜

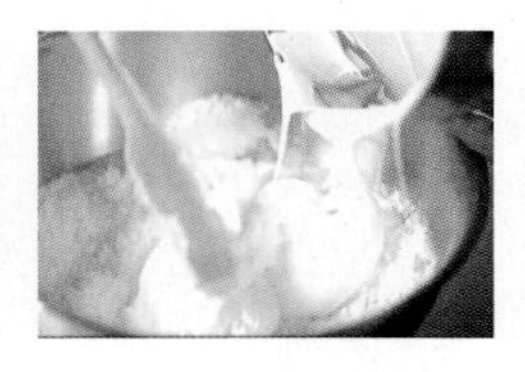
图1-2-41
搅拌面糊

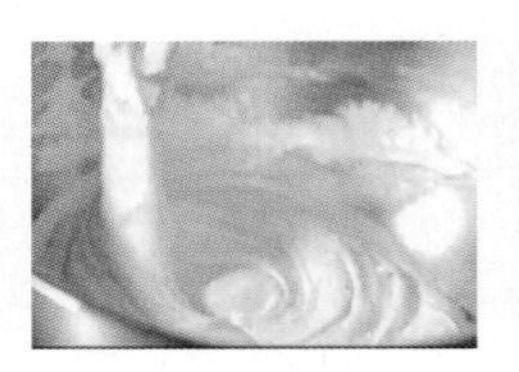
图1-2-42
拌匀的面糊

图1-2-43
加入绿色素

（3）在硅胶垫上挤直径约3cm的圆形（图1-2-45），放在通风处，室温干燥1h左右至表面结皮（图1-2-46），用手摸时有一点点弹性，不容易破即可。

图1-2-44　加入红色素

图1-2-45　挤圆形坯

图1-2-46　风干表皮

（4）烤制圆饼：预热上火200℃、下火190℃的烤箱，烤箱下层再插入一个烤盘，烤2～3min至马卡龙出现裙边（图1-2-47）。

（5）马上把下层烤盘转到最上层，温度调至130℃后再烘烤10min左右即可。

（6）成品：烤好取出后晾凉，再把马卡龙轻轻取下，中间加入个人喜欢的酱料，装饰摆盘（图1-2-49）

图1-2-47　烤至现裙边

图1-2-48　挤酱料

图1-2-49　马卡龙成品

四、操作关键

（1）要选择搅拌球进行搅拌，并且要把搅拌缸、搅拌器清洁干净，无水无油。

（2）蛋白的起发度要掌握好，打发不足及过度对组织均有影响。

（3）马卡龙挤好后，必须要放到表面风干，用手触碰表面，丝毫不沾手，才能进行烘烤。

（4）馅料选择自己喜欢的口味即可。

（5）若是初次实验，杏仁粉也可以用低粉代替。

知识链接

20世纪初期，巴黎的烘焙师Laduree发明了一种方法来呈现马卡龙，其利用三明治夹法将甜美的稠膏状馅料夹于传统的两个盖子层之间，使其成为新的小圆饼，由于香料和色素的使用、湿度控制，马卡龙性质改良。相较于更早之前的小圆饼的甜、干、易碎的特性，新的圆饼具备外壳酥脆的口感，内部却湿润、柔软而略带黏性，改革后的马卡龙直径为3.5～4cm。

项目三　泡　芙

项目描述

泡芙是源自意大利的甜点，具有色泽金黄、体积膨胀、内部空心、外皮松脆等特点。泡芙本身没有特别的味道，主要依靠不同的馅心及装饰来调味。本项目主要介绍天鹅泡芙和酥皮泡芙的制作工艺。

学习目标

☆ 掌握泡芙的特点及起发原理。
☆ 能按照工艺流程制作泡芙。
☆ 能把握泡芙制作过程中的关键操作。

任务一　天鹅泡芙

学习目标

☆ 学会天鹅泡芙面糊的调制，掌握馅心的调制。
☆ 学会天鹅造型的组装，掌握烘烤的温度、时间。
☆ 合理分工，团结协作，养成良好的卫生习惯和职业规范。

天鹅泡芙就是将泡芙装饰成天鹅的造型，通过搭配不同的馅心，食用时给人赏心悦目之感。天鹅泡芙颜值与美味并存。本任务主要学习天鹅泡芙的制作工艺，包括泡芙体的制作、组装和馅料的调制。

成品标准

形似天鹅，色泽金黄，香甜酥松。

任务实施

一、制作工具

克秤、粉筛、硅胶刮刀、裱花袋等。

二、制作配方

天鹅泡芙的制作配方见表 1-3-1 所示。

表 1-3-1 天鹅泡芙制作配方

组成部分	泡芙体				馅心
投料顺序	A		B	C	D
原料	黄油	水	低筋粉	鸡蛋	奶油
质量/g	180	400	240	450	300

三、制作过程

1. 调制泡芙面糊

（1）锅中加入水、黄油煮沸，离火，如图 1-3-1 和图 1-3-2 所示。

（2）加入低筋粉，搅拌至面糊整合为一，再小火加热至锅底产生薄膜后，离火，如图 1-3-3 和图 1-3-4 所示。

（3）让面糊冷却至 60℃左右，分次加入蛋液，搅打均匀，制成顺滑有光泽的面糊，提起面糊，面糊慢慢落下，落下时呈倒三角形，长度约 4cm，如图 1-3-5 和图 1-3-6 所示。

图 1-3-1
加水和黄油

图 1-3-2
煮沸黄油水

图 1-3-3
加面粉拌匀成面糊

图 1-3-4
加热面糊

图 1-3-5
加入蛋液搅打

图 1-3-6 面糊搅打至
落下成倒三角形

2. 挤制

（1）把面糊装入裱花袋，在烤盘挤出贝壳状，作为天鹅的身体入炉烘烤，上火炎 190℃，下火 170℃，烤约 40min，如图 1-3-7 和图 1-3-8 所示。

（2）另取一份面糊，装入裱花袋，剪小口，挤出天鹅的脖子形状，入炉烘烤，上火

180℃，下火 170℃，烤约 10min，如图 1-3-9 和图 1-3-10 所示。

图 1-3-7
贝壳状生坯

图 1-3-8
烤好的泡芙主体

图 1-3-9
鹅脖子状生坯

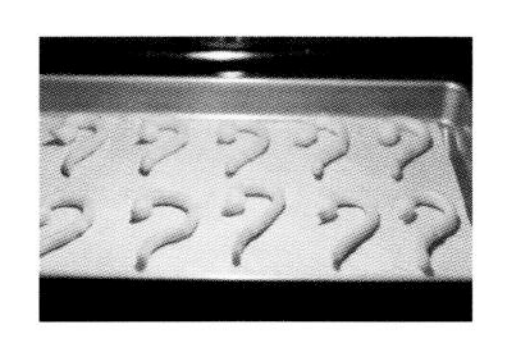
图 1-3-10
烤熟的“鹅脖”

3. 组装

天鹅体横向切成两半，上半部分再对切成翅膀。鹅身挤上奶油，插上翅膀、脖子，再用巧克力酱点上眼睛即可，如图 1-3-11 至图 1-3-13 所示。

图 1-3-11　切开天鹅体

图 1-3-12　挤入奶油

图 1-3-13　装配好的天鹅泡芙

四、操作关键

（1）面粉一定要完全烫熟，不能有颗粒和焦底。

（2）加蛋液时，注意面团温度，且分次加入。

（3）掌握烘烤的温度、时间。

任务二　酥皮泡芙

学习目标

☆ 学会酥皮泡芙面糊的调制和酥皮的制作。

☆ 掌握酥皮烘烤的温度、时间。

☆ 合理分工，团结协作，养成良好的卫生习惯和职业规范。

酥皮泡芙在泡芙体的基础上加了一层酥皮，赋予了泡芙更丰富的口感层次。本任务主要学习酥皮泡芙的制作工艺，包括泡芙体的制作、酥皮的制作和馅料的调制。

成品标准

形状美观，色泽金黄，香甜酥松。

任务实施

微课　酥皮泡芙

一、制作工具

克秤、粉筛、硅胶刮刀、裱花袋等。

二、制作配方

酥皮泡芙的配方见表1－3－2所列。

表1－3－2　酥皮泡芙

组成部分	酥皮			泡芙体				馅心
投料顺序	A		B	C		D	E	F
原料	黄油	细砂糖	低筋粉	黄油	水	低筋粉	鸡蛋	奶油
质量/g	90	60	120	180	400	240	450	300

注：酥皮泡芙的泡芙体和馅心配方与“天鹅泡芙”相同。

三、制作过程

1. 制作酥皮部分

（1）软化的黄油和糖混合均匀，再加入低筋粉按压成团，如图1－3－14和图1－3－15所示。将甜酥面团分成5g的小剂子，按压成圆片，放入冰箱冷冻备用，如图1－3－16和图1－3－17所示。

图1－3－14　混合黄油和糖

图1－3－15　加面粉按压成团

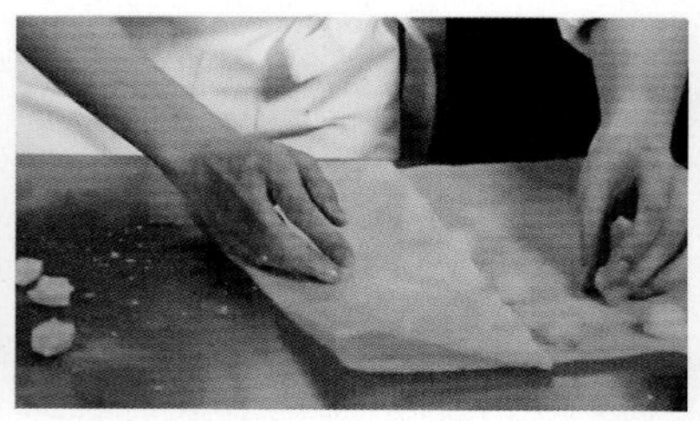
图1－3－16　酥皮下剂

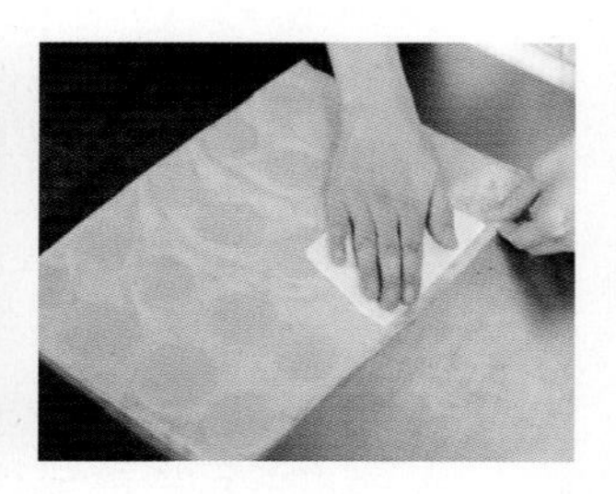
图1－3－17　按压成皮

2. 制作泡芙面糊部分

酥皮泡芙面糊的制作过程与天鹅泡芙面糊制作过程相同。

（1）锅中加入水、黄油煮沸，离火（见天鹅泡芙图1－3－1和图1－3－2）。

（2）加入低筋粉，搅拌至面糊整合为一，再小火加热至锅底产生薄膜后，离火（见天鹅泡芙图1－3－3和图1－3－4）。

（3）让面糊冷却至60℃左右，分次加入蛋液，搅打均匀，制成顺滑有光泽的面糊，提起面糊，面糊慢慢落下，落下时呈倒三角形，长度约4cm（见天鹅泡芙图1－3－5和图1－3－6）。

3. 挤制

把面糊装入裱花袋，在烤盘垂直向上挤出圆形，盖上酥皮，如图 1－3－18 和图 1－3－19 所示。

图 1－3－18　面糊挤成圆形　　图 1－3－19　盖上酥皮

4. 烘烤

入炉烘烤，上火 190℃，下火 170℃，约 40min，泡芙膨胀定型后出炉。

5. 填馅装饰

泡芙出炉冷却后，沿酥皮切开，将奶油挤入泡芙，巧克力酱点缀装饰，如图 1－3－20 至图 1－3－22 所示。

图 1－3－20　切开酥皮

图 1－3－21　挤入奶油

图 1－3－22　成品点缀

四、操作关键

（1）面粉一定要完全烫熟，不能有颗粒和焦底。

（2）加蛋液时，注意面团温度，且分次加入。

（3）掌握烘烤的温度、时间。

知识链接

泡芙制品的起发原理

泡芙制品的起发原理主要是由所用原料的特性及特殊的制作工艺决定的。一方面，面粉经过开水烫熟后，其中所含的蛋白质变性，淀粉糊化，使面糊产生了黏性，起到了泡芙制品的骨架作用；另一方面，面糊中加入了较多的鸡蛋，并经过充分搅拌均匀，由于鸡蛋中的蛋白本身就有发泡性，再加上制作工艺中的搅拌过程，使大量空气充入面糊中，在烘烤过程中蛋白的发泡性和面糊中空气的受热膨胀等因素会同时作用，使制品起发，体积膨大。

任务三 修女泡芙

学习目标

☆ 能够复述修女泡芙的制作过程，正确掌握泡芙外壳的制作方法。
☆ 能按照制作工艺流程，在规定时间内完成修女泡芙的制作。
☆ 养成良好的卫生习惯和职业规范。

修女泡芙于1851年在法国巴黎正式问世，其主要由一大一小的圆形泡芙组成，小圆泡芙作为罩袍帽，上层的小泡芙装饰奶油滚边，很像修女的罩袍，故法国人把这种样式的甜点称为“修女泡芙”。了解修女泡芙的产品特点，熟练掌握原料及设备使用、产品的制作工艺，产品制作完成后能够进行品质鉴定分析。

成品标准

松软、饱满、香醇、甜腻。

任务实施

一、制作工具

烤箱、烤盘、打蛋器、电子秤、橡皮刮刀、面粉筛、裱花袋等。

二、制作配方

修女泡芙的制作配方见表1－3－3所示。

表1－3－3 修女泡芙制作配方

组成部分	泡芙							酥皮		
投料顺序	A	B	C			D	E	F		
原料	高筋面粉	全蛋	牛奶	水	黄油	盐	打发好的奶油	黄油	白砂糖	低筋粉
质量/g	250	6	200	200	200	4	适量	50	60	60

三、制作过程

1. 制作泡芙面糊

（1）鸡蛋打散。

（2）牛奶和水放入锅中（图1－3－23），小火煮沸，马上关火，加入盐和黄油拌匀（图1－3－24）。倒入过筛的A并小火加热（图1－3－25），并迅速搅拌至没有干粉（图1－3－26），停火观察面是否烫熟。

（4）将（3）放入搅拌机内，分次加入鸡蛋液（图 1－3－27），每次拌匀后（图 1－3－28），再加入鸡蛋液，拌到提起可以看到小三角为止。将其装入裱花袋（图 1－3－29），挤出一大一小的圆（图 1－3－30）。

图 1－3－23
煮牛奶

图 1－3－24
加黄油

图 1－3－25
加入面粉

图 1－3－26
搅拌无干粉

图 1－3－27
加入鸡蛋液

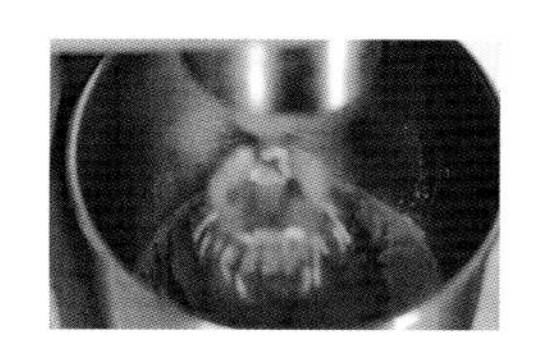
图 1－3－28
搅打均匀

图 1－3－29
加入裱花袋

图 1－3－30
挤面糊生坯

2. 制作酥皮

将 F 混合均匀，揉成光滑的面团，用擀面杖擀成 1mm 厚的长方形，放入冰箱冷藏 5min。

3. 烤制泡芙

用一大一小的圆形模具把酥皮刻出圆形（图 1－3－31），盖在挤好形状的面糊上（图 1－3－32）。放入预热好的上火 200℃，下火 180℃的烤箱中，烤 18～20min 即可。

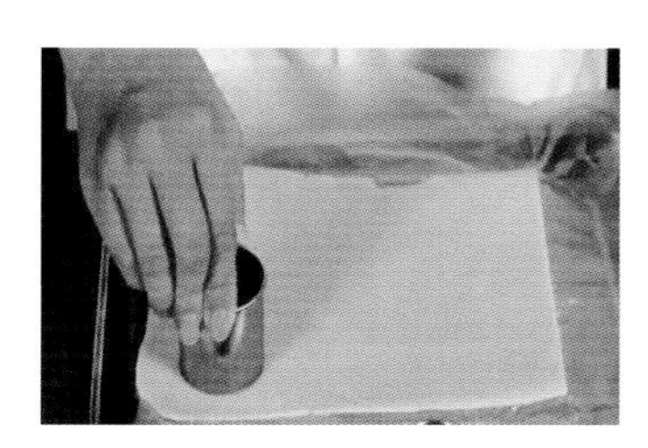
图 1－3－31　压出酥皮

图 1－3－32　面皮压在面糊上

4. 成品

将放凉的一大一小泡芙（图 1－3－33），填入准备好的奶油馅（图 1－3－34），将小泡芙放在大泡芙上进行装饰即可（图 1－3－35）。

图 1－3－33　泡芙

图 1－3－34　挤奶油

图 1－3－35　修女泡芙成品

四、操作关键

（1）泡芙的空洞是由面糊中的水分在烤箱加热变成水蒸气形成的。

（2）面粉中含有淀粉质，淀粉遇热从50℃开始产生黏性，并在95℃时黏性达到高峰，完全糊化，故一定要将面粉烫熟。

（3）烤制过程中一定不能打开烤箱，因为膨胀中的泡芙如遇温度骤降的环境会塌陷下去。

（4）鸡蛋要分次加入面糊，视面糊的稀稠程度而定。如果鸡蛋加入的太多，面糊太湿，泡芙不容易烤干，烤出来的泡芙偏扁，容易塌陷；面糊太干，泡芙膨胀力度减小，膨胀体积不大，内部空洞小。

项目四　清酥类点心

项目描述

清酥类制品也称为起酥类或开面类制品，是由水油面团包裹油脂，经过反复擀制、折叠、冷冻等操作程序，形成一层面与一层油交替排列的多层次结构的酥皮，再经过包馅、成形所制成的一类分层的酥点。本项目主要介绍清酥类制品的起酥原理和几款比较有代表性的清酥类点心——拿破仑千层酥、杏仁酥条、风车酥、葡式蛋挞的制作工艺。

学习目标

☆ 掌握清酥类点心的特点及起发原理。

☆ 能按照工艺流程制作清酥类点心。

☆ 能把握清酥类点心制作过程中的关键操作。

任务一　拿破仑千层酥

学习目标

☆ 学会千层酥皮的擀制，拿破仑千层酥的制作工艺。

☆ 掌握烘烤的温度、时间。

☆ 合理分工，团结协作，养成良好的卫生习惯和职业规范。

法国经典甜品拿破仑千层酥由多层酥皮夹以吉士组合而成，口感集松化及嫩滑于一身。拿破仑千层酥的材料虽然简单，但其制法相当考验制作者的手艺。要将松化的酥皮夹上嫩滑的吉士，同时又要保持酥皮干身，以免影响香脆的口感。拿破仑千层酥外形设计讲究层感及创意。本次任务主要学习千层酥皮的擀制和拿破仑千层酥的经典造型工艺。

成品标准

外形富有层次，酥皮入口松脆，馅心嫩滑。

任务实施

微课　拿破仑千层酥

一、制作工具

克秤、刮板、擀面棍、滚轮针、粉筛等。

二、制作配方

拿破仑千层酥的制作配方见表 1-4-1 所列。

表 1-4-1　拿破仑千层酥制作配方

组成部分	千层酥皮							馅料	装饰
投料顺序	A					B	C	D	E
原料	低筋粉	高筋粉	黄油	细砂糖	盐	水	片状起酥油	卡仕达酱	糖粉
质量/g	220	30	40	5	1.5	125	180	适量	适量

三、制作过程

（1）揉面：面粉、糖、盐，加入软化的黄油混合，加水揉成面团，如图 1-4-1 所示。

（2）擀制：揉成光滑的面团，用保鲜膜包好，放入冰箱冷藏松弛 20min 后，擀成长方形，长度约为片状起酥油宽度的 2 倍长一点，宽比片状起酥油的长度稍长一点，如图 1-4-2 和图 1-4-3 所示。

（3）包油：把片状起酥油放在长方形面皮中央（图 1-4-4），面皮两端向中央折过来，将片状起酥油包裹在里面，如图 1-4-5 所示。

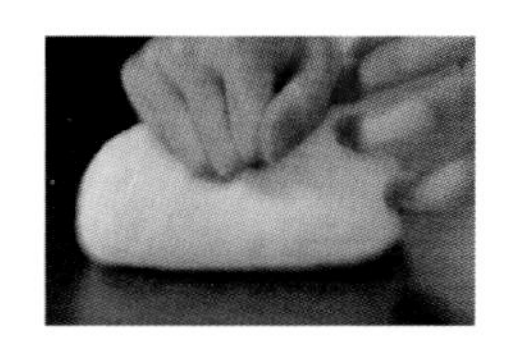

图 1-4-1
面团揉至光滑

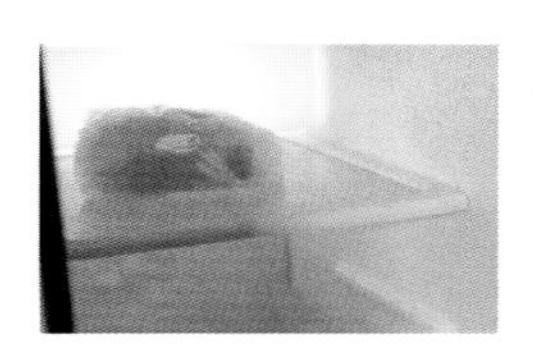

图 1-4-2
面团冷藏

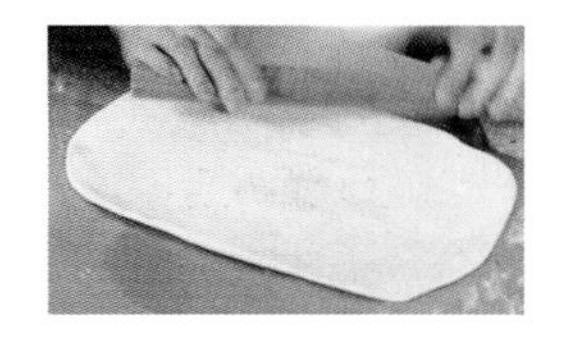

图 1-4-3
面团擀制

图 1-4-4
起酥油放中间

（4）用二次四折擀制折叠法：用开酥机再次将面皮擀成长方形，沿长边分成 4 等份，边沿的 2 等份分别折至中线处，再沿中线对折，然后包上保鲜膜，放入冰箱冷藏松弛 20min，如图 1-4-6 所示。再进行第二次擀制折叠，如此反复二次，最后将千层酥皮擀成 0.3cm 厚的长方形，如图 1-4-7 所示。

（5）烘烤：将擀制的酥皮分割成小长方形，放入烤盘，如图 1-4-8 所示。入炉烘烤，再压一个烤盘，上火 180℃，下火 170℃，烤 20～30min 至金黄取出备用，如图 1－4－9 所示。

图 1－4－5
包裹起酥油

图 1－4－6
酥皮折叠冷藏

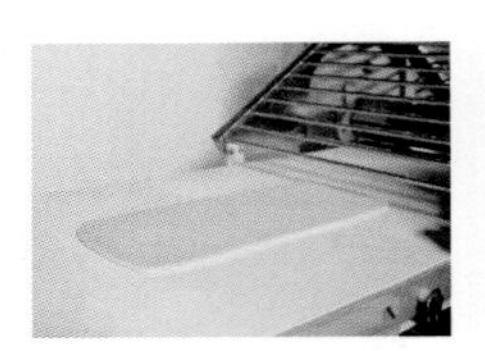
图 1－4－7
擀制酥皮

图 1－4－8
酥皮分割成块

（6）装饰：将冷却的千层酥皮与卡仕达酱进行组装（见图 1－4－10），然后撒糖粉装饰即可（见图 1－4－11）。

图 1－4－9　烤好酥皮

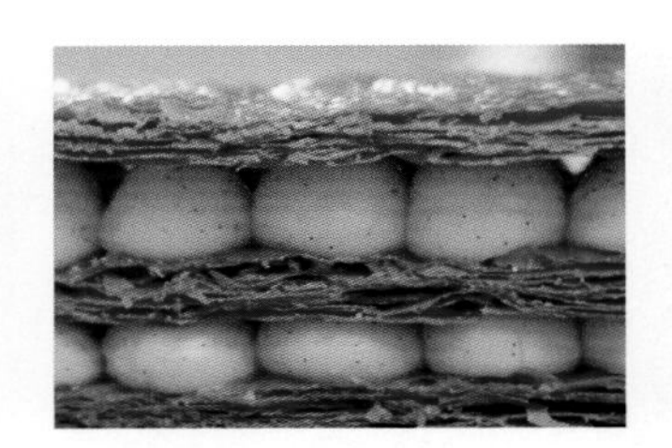
图 1－4－10　组装成品

图 1－4－11　撒糖粉

四、操作关键

（1）水油皮和油脂的软硬度要一致。
（2）擀制的手法要正确，不能破酥。
（3）掌握烘烤的温度、时间。

任务二　杏仁酥条

学习目标

☆ 熟练掌握千层酥皮的擀制、应用及酥条的制作工艺。
☆ 掌握酥条烘烤的温度、时间。
☆ 合理分工，团结协作，养成良好的卫生习惯和职业规范。

杏仁酥条在千层酥皮的基础上，用糖霜和杏仁作为装饰馅料，口感香甜酥脆，让单一的酥皮有了更丰富的内涵。香甜酥脆的杏仁酥条深受人们喜爱。本任务主要学习杏仁酥条的馅料调制，熟练应用千层酥皮。

成品标准

层次清晰，香甜酥脆，色泽金黄，馅料黏裹均匀。

任务实施

微课　杏仁酥条

一、制作工具

克秤、刮板、擀面棍、刀具等。

二、制作配方

杏仁酥条制作配方见表 1－4－2 所列。

表 1－4－2　杏仁酥制作配方

组成部分	千层酥皮							馅料		
投料顺序	A					B	C	D		E
原料	低筋粉	高筋粉	黄油	细砂糖	盐	水	片状起酥油	糖粉	蛋白	杏仁
质量/g	220	30	40	5	1.5	125	180	150	15	275

三、制作过程

（1）制作千层酥皮：杏仁酥条的酥皮与本项目任务一拿破仑千层酥的制作同，详见拿破仑千层酥制作过程步骤（1）至步骤（5）。

（2）制馅：糖粉和蛋白搅拌均匀成糖霜，如图 1－4－12 和图 1－4－13 所示。

（3）改刀：将千层酥皮改刀切成宽 4cm、长 20cm 的长条形（图 1－4－14）；生坯表面抹上一层薄薄的糖霜，如图 1－4－15 所示。

（4）烘烤：将杏仁均匀撒在上面，如图 1－4－16 所示，入炉烘烤，上火 180℃，下火 170℃，烤 20～30min 至金黄色即可，成品如图 1－4－17 所示。

图 1－4－12
搅拌糖和蛋白液

图 1－4－13
搅打好的糖霜

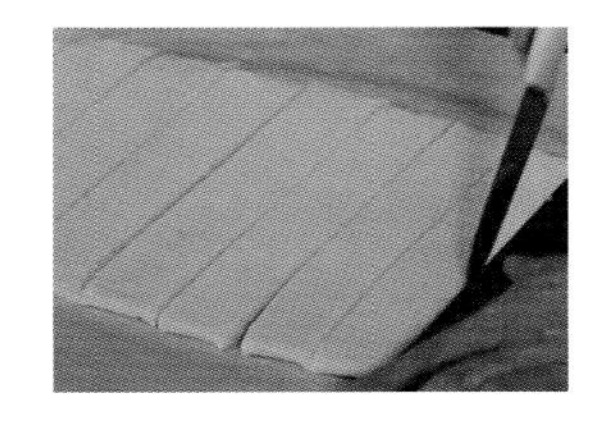

图 1－4－14
切千层酥皮

图 1－4－15
抹糖霜

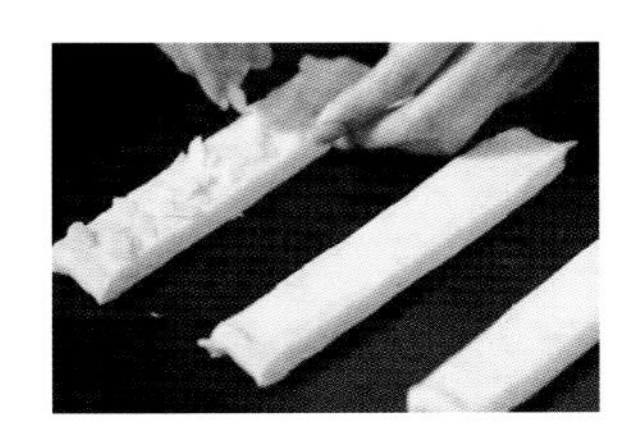

图 1－4－16
撒杏仁片

图 1－4－17
杏仁千层酥成品

四、操作关键

（1）操作手法干净利落，防止破坏酥层。
（2）皮料厚薄要均匀。
（3）掌握糖霜的软硬度。
（4）掌握烘烤的温度、时间。

任务三　风车酥

学习目标
☆ 熟悉千层酥皮的擀制、应用，学会水果酥盒的制作工艺。
☆ 掌握风车酥烘烤的温度、时间。
☆ 合理分工，团结协作，养成良好的卫生习惯和职业规范。

风车酥在千层酥皮的基础上，通过变换成形工艺，填入馅料，使清酥类点心品种更为丰富，让千层酥皮得以更深层次的应用。风车酥造型多变，使用天然果酱为馅心。本任务主要学习风车酥的造型工艺，熟练应用千层酥皮。

成品标准

层次清晰，口感松脆，色泽金黄，果馅搭配合理。

任务实施

一、制作工具

克秤、刮板、擀面棍、刀具等。

二、制作配方

风车酥制作配方见表 1－4－3 所列。

表 1－4－3　风车酥制作配方

组成部分	千层酥皮							馅料
投料顺序	A					B	C	D
原料	低筋粉	高筋粉	黄油	细砂糖	盐	水	片状起酥油	果酱
质量/g	220	30	40	5	1.5	125	180	适量

三、制作过程

（1）千层酥皮制作：参照本项目任务一“拿破仑千层酥”制作过程步骤（1）至步骤（4）。

（2）改刀：将千层酥皮分割成 8cm×8cm 的方形面片（图 1－4－18），4 个对角用刀划开，中心不划断，折成风车形（图 1－4－19）。

（3）烘烤：刷上蛋液（图 1－4－20），放入烤箱烘烤，上火 180℃，下火 170℃，烤 15～20min，烤至金黄色出炉，冷却挤上果酱，撒糖粉装饰，成品如图 1－4－21 所示。

图 1－4－18 切正方形酥片

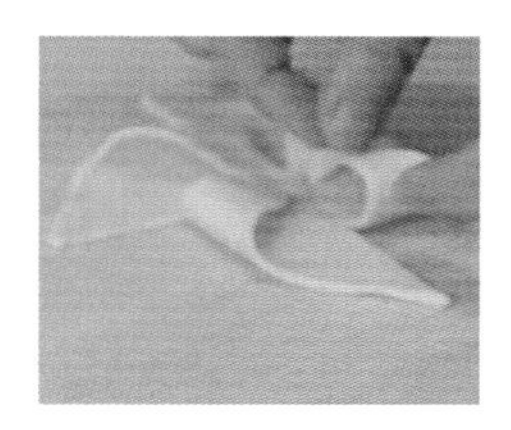
图 1－4－19 折风车形状

图 1－4－20 刷好鸡蛋液的风车酥生坯

四、操作关键

（1）操作手法干净利落，防止破坏酥层。

（2）掌握烘烤的温度、时间。

图 1－4－21 风车酥成品

任务四 葡式蛋挞

学习目标

☆ 熟练千层酥皮的擀制、应用，掌握千层酥皮烘烤的温度和时间。

☆ 学会葡式蛋挞的制作工艺，学会蛋挞液的调制。

☆ 合理分工，团结协作，养成良好的卫生习惯和职业规范。

葡式蛋挞又称葡萄牙式奶油挞、焦糖玛奇朵蛋挞，属于蛋挞的一种。港澳及广东地区称其为葡挞，是一种小型的奶油酥皮馅饼，表面焦黑（是糖过度受热后的焦糖）是其特征。本任务主要学习葡式蛋挞的制作工艺，包括酥层挞皮的擀制和蛋挞液的调制。

▶ 成品标准

酥皮层次清晰、口感酥松，挞馅嫩滑香甜、色泽光亮有焦斑。

▶ 任务实施

一、制作工具

克秤、刮板、擀面棍、蛋抽、滤网、蛋挞模等。

二、制作配方

葡式蛋挞的制作配方见表 1－4－4 所列。

微课　葡式蛋挞

表 1-4-4 葡式蛋挞的制作配方

组成部分	蛋挞皮（与千层酥皮配方一样）							蛋挞液				
投料顺序	A					B	C	D		E		F
原料	低筋粉	高筋粉	黄油	细砂糖	盐	水	片状起酥油	牛奶	糖	鸡蛋	蛋黄	淡奶油
质量/g	220	30	40	5	1.5	125	180	170	85	100	50	330

三、制作过程

1. 制作挞皮

（1）参照本项目任务一“拿破仑千层酥”制作过程步骤（1）至步骤（4）。

（2）卷制：将擀成 0.3cm 厚的千层酥皮卷起来（图 1-4-22），放入冰箱冷藏 30min 后拿出，切成厚 1cm 的小卷（图 1-4-23）。

（3）垫盏：小卷蘸点面粉，放入蛋挞模，沾粉的一面朝上，用两个大拇指把酥皮剂捏成蛋挞模的形状（图 1-4-24），捏好后静置松弛 20min。

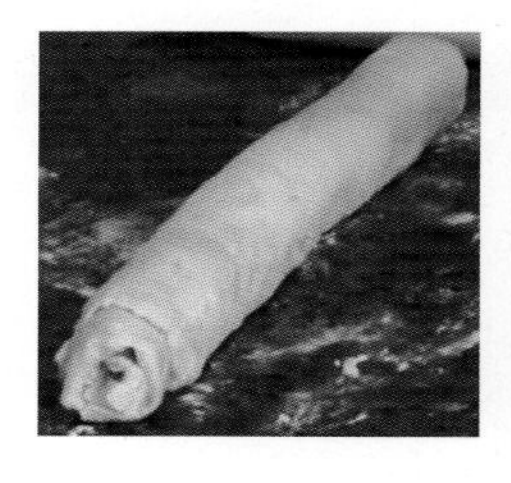
图 1-4-22 卷制酥皮

图 1-4-23 切酥皮生坯剂

图 1-4-24 捏好蛋挞酥皮

2. 制作蛋挞液

（1）牛奶、糖搅拌均匀，直至细砂糖全部溶解（图 1-4-25），再加入鸡蛋、蛋黄搅拌均匀（图 1-4-26）。

（2）加入淡奶油拌匀（图 1-4-27），过筛即成蛋挞水（图 1-4-28）。

3. 烘烤

蛋挞水倒入蛋挞模具，九分满，如图 1-4-29 所示，入炉烘烤，上火 230℃，下火 210℃，烤 25min 左右，蛋挞水表面出现焦斑即可（见图 1-4-30）。

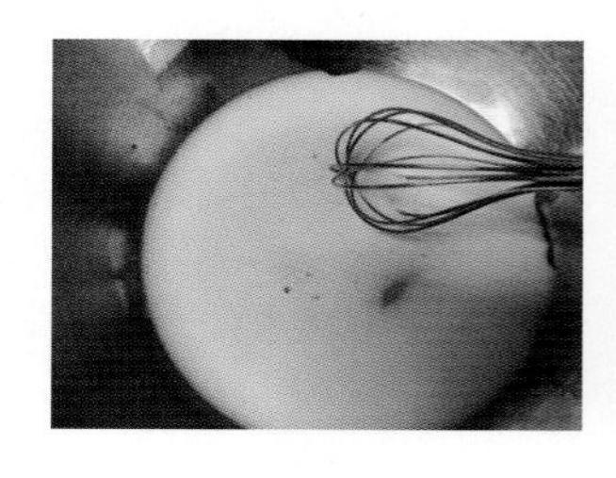
图 1-4-25 搅打牛奶和糖

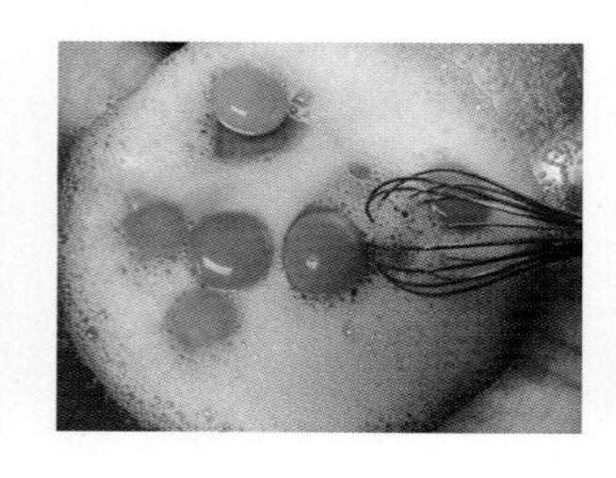
图 1-4-26 搅打牛奶蛋液

图 1-4-27 搅打淡奶油

图 1-4-28　过滤蛋挞水

图 1-4-29　倒蛋挞水

图 1-4-30　蛋挞成品

四、操作关键

（1）操作手法干净利落，防止破坏酥层。
（2）掌握正确的垫盏方法。
（3）注意蛋挞液的稀稠度。
（4）掌握烘烤的温度、时间。

知识链接

清酥类制品的起酥原理

清酥类面团是由两块不同质地的面团组成的，一块是由面粉、水及少量油脂调制而成的水油面团；另一块是油脂或油脂中掺入少量的面粉擦制而成的油酥面团，再经过反复擀制、折叠、冷冻等操作程序，从而形成一层面与一层油交替排列的多层次结构的酥皮。当生坯进炉烘烤时，生坯中的水分受热膨胀产生水蒸气，这种水蒸气形成的压力使各层开始膨胀。烘烤温度越高，水蒸气的压力越大。而湿面筋所受的膨胀力越大，随着温度的不断渗透，面皮依次一层一层逐渐胀大。随着烘烤的继续、时间的加长，生坯中的水分不断蒸发并逐渐形成一层层酥脆的面皮结构。

模块链接

产品类别	工艺流程	特点	制作关键点
挞、派	面团调制（糖油调制法和粉油调制法）→成型→烘烤	不分层次的酥点、造型风味繁多、口感松酥	（1）刮柠檬皮一定要薄。 （2）挞皮不要搅拌过度，无明显干粉即可。 （3）挞皮放入模具时必须紧贴模具
饼干	面糊的调制（蛋、糖搅打法和糖、油搅打法）→成型→烘烤	造型薄而小巧、制作精良、口感酥脆	（1）搅拌缸、搅拌器清洁干净，无水无油。 （2）蛋白的起发度要掌握好。 （3）面糊挤好后，必须要放到表面风干，用手触碰表面丝毫不沾手，才能进行烘烤

（续表）

产品类别	工艺流程	特点	制作关键点
泡芙	水（或牛奶）＋油＋盐→煮开→烫面粉→冷却至60～70℃→分次加蛋搅拌→面糊→装挤袋→挤件→成形→成熟→加馅→成品	内部空心、外皮松脆、形式多样	（1）面粉一定要完全烫熟，不能有颗粒和焦底。 （2）加蛋液时，注意面团温度，且分次加入。 （3）掌握烘烤的温度和时间。 （4）烤制过程中一定不能打开烤箱
清酥类	调制水油面团→整形冷藏→调制油酥面团→整形冷藏→包油→擀制、折叠（反复2～3次，每次需冷藏20～30min）→成型→刷蛋液→烘烤→成品	层次丰富清晰、体积膨大、口感酥松	（1）黄油包入面皮时，尽可能让黄油的软硬度与面团的软硬度相似。 （2）面皮折擀时，用力均匀是关键。 （3）每次折叠后都需要长时间的冷藏

模块二　蛋糕制作

顾名思义，“蛋糕”就是以“蛋”为基本原材料的做成“糕”的一种食品，是一种高档食品。蛋糕起源较早、发展较快，是西点种类中最具知名度的品种，也是西点产品用于组合搭配的主流。

蛋糕的种类众多，根据材料和做法不同，可分为清蛋糕和油蛋糕（面糊类蛋糕），清蛋糕包括戚风蛋糕和乳沫类蛋糕。

一、戚风蛋糕

戚风蛋糕是乳沫类蛋糕和面糊蛋糕改良综合而成的，制作时蛋清、蛋黄分开，分别打发，最后才混合均匀拌成面糊。其组织最为膨松，含水量多，口感好，口味清淡而不腻。

二、乳沫类蛋糕

乳沫类蛋糕包括海绵蛋糕与天使蛋糕，主要是用鸡蛋打进空气，经过高温加热，空气受热膨胀而使蛋糕胀发。这类蛋糕可以不加油脂（但常加少量油脂使蛋糕质地柔软），是最早出现的蛋糕。

三、面糊类蛋糕

面糊类蛋糕包括轻奶油蛋糕和重奶油蛋糕。面糊类蛋糕配方中含有大量奶油，在搅打时奶油充入大量空气使蛋糕膨胀，组织密实，味道香醇。

项目一　戚风蛋糕

项目描述

戚风蛋糕是以蛋清和蛋黄分开搅拌，综合面糊类和乳沫类两种面糊，改变乳沫类蛋糕的组织。戚风蛋糕组织松软，水分充足，气味芬芳，口感清爽，不甜不油腻。

学习目标

☆ 掌握戚风蛋糕基本制作程序。

☆ 学习各种戚风蛋糕的制作，包括各种原料及设备的使用，掌握制作过程的操作要点，了解成品的特点。

☆ 掌握戚风蛋糕的定义。

任务一 戚风蛋糕卷

学习目标

☆ 能够复述戚风蛋糕卷的制作过程，并能卷制成型蛋糕卷。
☆ 能利用锯切刀法完成戚风蛋糕卷的切件。
☆ 能按照制作工艺流程，在规定时间内完成戚风蛋糕卷的制作。
☆ 养成良好的卫生习惯和职业规范。

戚风蛋糕卷的蛋清和蛋黄分开搅拌，是戚风蛋糕中比较经典的一款。制作戚风蛋糕卷时，蛋清只需打发至偏湿性发泡，其内部组织往往更细腻，口感更湿润绵密。了解戚风蛋糕卷的产品特点，熟练掌握原料及设备使用、产品的制作工艺，产品制作完成后能够进行品质鉴定分析。本任务学习戚风蛋糕卷的制作工艺。

成品标准

卷条紧密，口感湿润，松软有弹性，气孔细密均匀。

任务实施

微课 戚风蛋糕

一、制作工具

搅拌器、粉筛、烤盘、晾网、锯刀、抹刀等。

二、制作配方

戚风蛋糕卷制作配方见表 2-1-1 所列。

表 2-1-1 戚风蛋糕制作配方

组成部分	面糊部分							蛋清			
投料顺序	A			B			C	D	E		
原料	低筋粉	泡打粉	香草粉	细糖	水（牛奶）	色拉油	蛋黄	蛋清	细糖	盐	塔塔粉
质量/g	450	10	5	150	200	200	325	750	400	5	10

三、制作过程

（1）制作蛋黄面糊：B 用蛋抽搅拌至糖溶化（图 2-1-1），A 过筛后（图 2-1-2）加入 B 中搅拌成无颗粒状，再加入 C 拌匀至细滑（图 2-1-3）。

图 2-1-1　混合 B 原料

图 2-1-2　过筛 A 原料

图 2-1-3　搅拌蛋黄面糊

（2）制作蛋清面糊：D 快速打至湿性发泡，分两次加入 E 继续打至干性起发，状态挑起成弯曲鸡尾状，如图 2-1-4 至图 2-1-6 所示。

图 2-1-4　蛋清搅至发泡

图 2-1-5　继续快速搅打

图 2-1-6　打至干性起发

（3）混合面糊：取 1/3 蛋清面糊与蛋黄面糊混合（图 2-1-7），再加入 2/3 蛋清面糊拌匀（图 2-1-8）。

（4）面糊装盘：倒入垫好油纸的烤盘内刮平（图 2-1-9）。

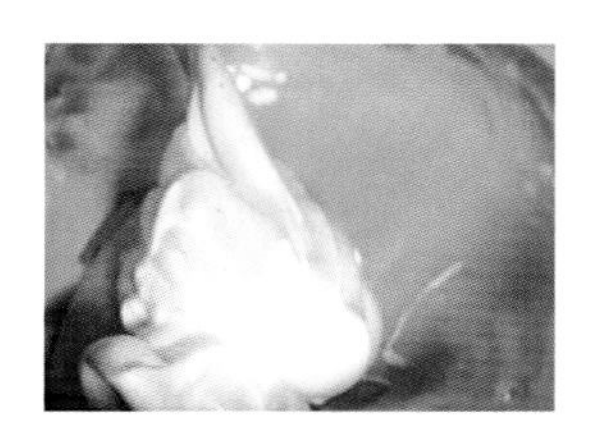
图 2-1-7　蛋黄面糊混合 1/3 蛋清糊

图 2-1-8　搅拌均匀的蛋清面糊和蛋黄面糊

图 2-1-9　刮平蛋糊面糊

（5）烘烤：放入预热好的烤箱，上火 180℃，下火 140℃，烤制 16～18min，至表面金黄。

（6）成型：冷却后抹奶油（图 2-1-10）或果酱，卷成圆形（图 2-1-11）。

（7）成品：切件摆盘，如图 2-1-12 和图 2-1-13 所示。

图 2-1-10　抹入奶油

图 2-1-11　卷成圆形

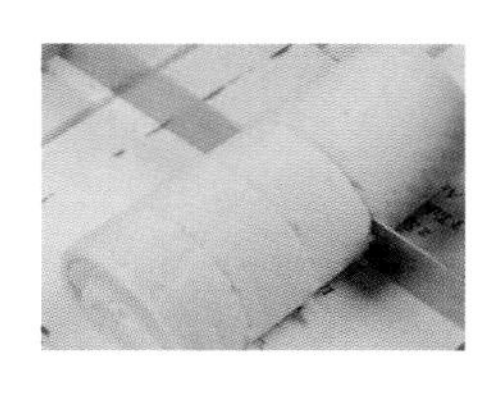
图 2-1-12　切件

图 2-1-13　摆盘

四、操作关键

（1）工具：要选择搅拌球进行搅拌，并且要把搅拌缸、搅拌器清洁干净，无水无油。

（2）蛋清打发：蛋清的起发度要掌握好，打发不足及过度对组织均有影响。

（3）成型：成型时要卷紧，定型后才能切件。

知识链接

一、蛋糕的起发原理

蛋糕的膨松主要是物理性能变化的结果。经过机械搅拌，大量空气进入坯料中，再经过加热，坯料中的空气受热膨胀，从而使坯料体积膨大疏松，形成组织细腻，形如海绵状的蛋糕制品。用于膨松充气的主要原料是蛋清和黄油。

蛋清是一种黏稠的胶体，具有泡发性。当蛋清受到急速搅打时，大量空气会充入蛋液内，被均匀地包裹在蛋清膜内，形成许多细腻的泡沫。蛋液体膨松，颜色变为乳白色，当气体受到高温时膨胀，从而带动蛋糕整体膨松。在打蛋液时，不能过分搅打，避免因破坏蛋的胶体的韧性而影响蛋糕膨松，充入气体的量不够也会影响蛋糕膨松度。

制作油蛋糕时，黄油、糖先进行搅打，在搅打过程中，黄油内可以充入大量空气；再加入蛋液继续搅拌，油蛋料中的气体就会随之增多，这些气体在受热时膨胀，使蛋糕体膨胀松软。

二、蛋糕烘焙时注意的问题

1. 烤盘涂油

烤盘涂油的方式是用一小块软化的黄油将烤盘内部、底部均匀涂满一层黄油，有盐或是无盐黄油皆可，或是使用烤盘刷油。戚风蛋糕的烤模不需要涂油撒粉。

2. 烤模撒粉

烤模撒粉的方式是将2～3大匙的高筋面粉撒在涂油的烤模内，倾斜并转动烤模让面粉均匀地覆盖在烤模内部和底部，再将多余的面粉倒出来。

3. 烤模辅纸

如果不想撒粉，也可以裁剪一张与烤模底部尺寸相等的烘焙纸，铺在涂了油的烤模内。有些市售的磅蛋糕模型会附带裁剪合适的烘焙纸。

4. 粉类过筛

制作蛋糕前一定要先将干的粉类过筛，这是因为低筋面粉的湿度高，容易结块，如果未经过筛会影响成品的组织。同样地，泡打粉、苏打粉和可可粉也有相同的情况，这些粉类在使用前都要过筛。

5. 物品忌油、碱

蛋桶、蛋刷要清洁，忌油、碱或过多的水分。

（1）水可以破坏蛋清胶体的结构。

（2）油是一种消泡剂，有分离蛋清胶体的作用，难于饱和（包裹）气体。

（3）碱能凝固蛋清质，不利于饱和气体。

6. 适当地控制温度

温度在30℃时搅打蛋液最佳，温度过高或过低都不利于起泡。

7. 蛋黄与糖的拌和

蛋黄与糖的拌和如同糖油拌和法一样，搅拌的目的都是让空气可以进入材料中，并且搅拌至松发，颜色变淡。但是，千万不可以太早将糖与蛋黄混合，以免糖变成难溶的颗粒，影响打发效果，务必要等到需要搅拌时才将糖与蛋黄混合。

搅拌蛋黄和糖需要使用球状搅拌器，搅拌时需要用力。定料变多、组织膨松且颜色变淡，同时提起搅拌器时，蛋黄液会顺势滑落在盆中形成一条慢慢消失的线条，则蛋黄和糖搅拌正合适。

8. 蛋清与蛋黄的混合

当蛋清已经打发且准备与蛋黄液混合时，此时的蛋清相对密度小，蛋黄相对密度大，拌和时先取1/4～1/3的打发蛋清加入蛋黄液中拌匀，让蛋黄液的相对密度变小、组织变轻；接着将全部蛋清加入蛋黄液中，改用橡皮刮刀将两种材料混合，顺着同一个方向，且刮刀必须沿着盆边向盆的中间拌入，同时盆的中间底部容易有材料沉淀，务必刮起材料确认。如果搅拌时发现材料坍塌了，则表示搅拌过度使空气都跑走了，或是蛋清打得过发变硬而不容易搅拌，也有可能是配方或制作过程有问题。

9. 烤箱预热

可以在即将烘烤前20min开启烤箱，以确保产品在一进入烤箱时就以最适合的温度烘焙。烤箱的温度和时间设定也是烘焙的关键，初学者应该尽量观察制品烘烤情况，当有不良状况发生时可以迅速调整或补救。

10. 烘焙温度及时间

烘烤时要掌握好炉温，炉温根据蛋糕模型的不同而异。烤盘蛋糕的温度是上火190℃、下火140℃，时间7～15min，视薄厚而做调整；而圆形的生日蛋糕模型烘烤温度则是上火180℃、下火140℃，时间30～40min。烘烤前期不可开炉门，不能令其震动。

11. 判断是否烤熟

可用手或竹签测试制品是否成熟。对于圆形模型蛋糕，用竹签插入中央，取出观察竹签的中央有无湿的面糊，若无面糊粘在上面就表示熟了；而对于烤盘蛋糕，因为其太薄，所以必须用手掌轻触表面，当有“沙沙”的声音时，可再烤一会儿，待充满弹性且围边纸有点内缩时即可出炉。注意，烤得太久会使蛋糕因水分散失而变干。

任务二　虎皮蛋卷

学习目标

☆ 能够复述虎皮蛋卷的制作过程，能卷制成型蛋糕卷。

☆ 能利用锯切刀法完成虎皮蛋卷的切件。

☆ 养成良好的卫生习惯和职业规范。

虎皮蛋卷是以一块虎皮抹上奶油或果酱后包裹戚风蛋糕卷制作而成的蛋糕，其特点是外皮形似虎皮，内质松软，气孔细密均匀有弹性。了解虎皮蛋卷的产品特点，熟练掌握原料及设备使用、产品的制作工艺，产品制作完成后能够进行品质鉴定分析。本任务学习分蛋拌和的搅拌方法，制作虎皮蛋卷。

成品标准

外皮形似虎皮，内质松软，气孔细密均匀有弹性。

微课　虎皮蛋糕

任务实施

一、制作工具

搅拌器、粉筛、烤盘、冷却架（晾网）、锯刀、抹刀、橡皮刮刀、不锈钢盆、油纸等。

二、制作配方

虎皮蛋卷的制作配方见表 2－1－2 所列。

表 2－1－2　虎皮蛋卷的制作配方

组成部分	面糊							蛋清				虎皮				
投料顺序	A			B			C	D	E			F			G	H
原料	低筋粉	泡打粉	香草粉	细糖	水（牛奶）	色拉油	蛋黄	蛋清	细糖	盐	塔塔粉	蛋黄	盐	细糖	低筋粉	色拉油
质量/g	450	10	5	150	200	200	325	750	400	5	10	500	5	150	55	30

三、制作过程

戚风蛋糕卷制作方法与本项目任务一相同，详见戚风蛋糕制作过程步骤（1）至步骤（5）。

（1）制作虎皮面糊：F 快速打发至干性起发，G 过筛慢速加入拌匀，再慢速加入 H 拌匀，如图 2-1-14 和图 2-1-15 所示。

（2）面糊装盘：把虎皮面糊倒入垫有油纸的烤盘上刮平，如图 2-1-17 所示。

图 2-1-14　快打蛋黄、盐、糖

图 2-1-15　慢速搅打均匀

图 2-1-16　刮平虎皮面糊

（3）烘烤：放入预热好的烤箱，用上火 250℃，下火 0℃烤约 5min，至表皮收缩呈红虎皮效果（图 2-1-17）。

（4）成型：冷却后抹上果酱或奶油，包裹住戚风蛋糕卷，如图 2-1-18。

（5）成品：切件摆盘（图 2-1-19）。

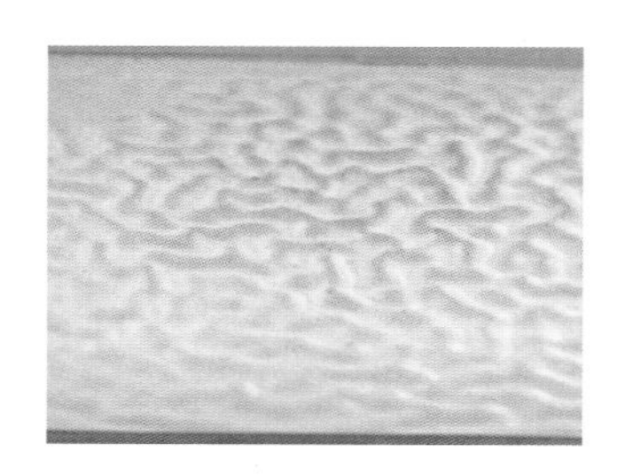

图 2-1-17　虎皮蛋糕表皮

图 2-1-18　卷好的虎皮蛋糕

图 2-1-19　虎皮蛋糕

四、操作关键

（1）炉温：虎皮效果是利用底面火温差形成的，因此烘烤时需预热好炉温再烤。

（2）烘烤：烤时不要开炉，否则会没有皱纹。

（3）成型：卷好定型后再切件。

任务二　杏子玉枕蛋糕

学习目标

☆ 能够复述杏子玉枕蛋糕的制作过程，掌握分蛋搅打法的制作。

☆ 能按照制作工艺流程，在规定时间内完成杏子玉枕蛋糕的制作。

☆ 养成良好的卫生习惯和职业规范。

杏子玉枕蛋糕是一款经典的蛋糕，外形正正方方，看起来像枕头。了解杏子玉枕蛋糕的产品特点，熟练掌握原料及设备使用、产品的制作工艺，产品制作完成后能够进行品质鉴定分析。本任务制作杏子玉枕蛋糕。

成品标准

微课　杏子玉枕蛋糕

形似枕头，色泽金黄，内质松软香甜，气孔细密均匀。

任务实施

一、制作工具

搅拌器、粉筛、烤盘、晾网、橡皮刮刀、抹刀、方形模具、不锈钢盆等。

二、制作配方

杏子玉枕蛋糕的配方见表 2-1-3 所列。

表 2-1-3　杏子玉枕蛋糕

组成部分	面糊						蛋清				装饰
投料顺序	A		B			C	D	E			F
原料	低筋粉	泡打粉	细糖	淡奶水	色拉油	蛋黄	蛋清	盐	塔塔粉	细糖	杏仁片
质量/g	600	10	250	250	250	375	900	5	10	500	100

注：杏子玉枕蛋糕的面糊部分和蛋清部分与戚风蛋糕的配方原料品种相同，杏子玉枕蛋糕蛋黄面糊的制作和蛋清面糊的制作与戚风蛋糕卷中的制作步骤及制作手法一样，图解详见戚风蛋糕卷制作过程图 2-1-1 至图 2-1-8。

三、制作过程

（1）制作蛋黄面糊：B 用蛋抽搅拌至糖溶化，A 过筛后拌匀，再加入 C 拌匀至面糊细滑。

（2）制作蛋清面糊：D 快速打至湿性发泡，分两次加入 E 继续打至干性起发，状态挑起成弯曲鸡尾状。

（3）混合面糊：取 1/3 蛋清面糊与蛋黄面糊混合，再加入 2/3 蛋清面糊拌匀。

（4）面糊装模：装入模具七成满（图 2-1-20），表面用杏仁片装饰（图 2-1-21）。

（5）烘烤：放入预热好的烤箱，上火 200℃，下火 180℃，烤约 25min 至熟（图 2-1-22）。

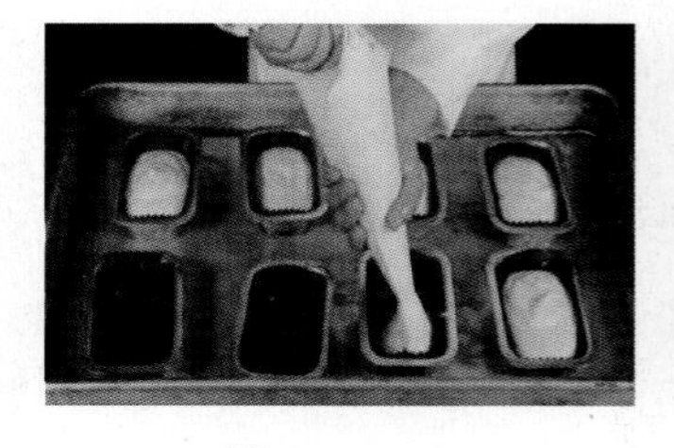
图 2-1-20
面糊装模

图 2-1-21
用杏仁装饰

图 2-1-22　烤好的
杏仁玉枕蛋糕

（6）成品：出炉，将模具竖起冷却后再脱去模具，装盘（图2－1－23）。

图2－1－23　杏仁玉枕蛋糕

四、操作关键

（1）蛋清打发：蛋清的起发度要掌握好，打发不足及过度对组织均有影响。

（2）装模：装模时蛋浆至七成满。

知识链接

一、蛋清打发注意事项

制作戚风蛋糕时，蛋清打发非常重要，可用手提搅拌机、一般打蛋器（人力）、电动搅拌机打发蛋清。准备一个干净的搅拌盆，盆内不可有油脂或水分，使用球状搅拌机、手提或电动搅拌机均可，主要根据量的多少来决定。手动搅拌机需要用力搅拌；电动搅拌机则先设定为高速，待蛋清呈粗粒泡沫状时改为中速，并分次加入细砂糖搅拌至糖溶化、蛋清体松发且出现银亮的光泽。打蛋清是一项需要多练习的技术，对初学者来说几乎没有把握可以将蛋清打到理想效果，只有通过一次又一次的练习亲自感受和提高。打发蛋清分为两种程度，一种是湿性发泡，另一种是干性发泡。湿性发泡是指提起打蛋器时蛋清会出现钩状尖端，整体蛋清液组织松软可滑动；而干性发泡指的是提起打蛋器时蛋清液表面可见明显的搅拌痕迹，将整个搅拌盆倒立蛋清也不会掉落。搅拌过度则是指蛋清的组织完全剥离，无法呈顺滑状，此时表明打发失败。为了避免失败，建议初学者在制作时搅拌速度不要过快，这样就可以掌控蛋清发泡程度。打发蛋清的最佳温度为17℃～20℃。

二、戚风蛋糕常见的问题及原因

1. 蛋糕膨胀度不足

（1）面糊混合不均匀。

（2）泡打粉用量不足或过期失效。

（3）烘烤温度过高，蛋糕未膨胀至适宜程度即已烤熟。

（4）蛋糕在炉内受振动。

（5）地火温度过低或不均匀。

（6）面糊搅拌太久，使面糊起筋。

（7）蛋清搅打膨松度不足。

2. 蛋糕表面开裂

（1）模具面糊过多。

（2）烤炉温度过高。

3. 蛋糕湿黏

（1）烘焙时间不足，蛋糕没熟透。

（2）出炉后冷却不足就包装封口。

项目二　乳沫蛋糕

项目描述

乳沫蛋糕包括海绵蛋糕和白雪蛋糕。乳沫蛋糕是利用蛋清打成细白泡沫，使之拌入大量空气而使体积膨大的蛋糕，是在一般海绵蛋糕制作中加入乳化剂所得产品。其内部组织细腻，质地松软，口感柔软细腻，气孔均匀，口味香甜，弹性好，是各种蛋糕中最普通的一种。

学习目标

☆ 学习各种乳沫蛋糕的制作工艺，包括各种原料及设备的使用，掌握制作过程的操作要点及程序，了解成品的特点。

☆ 掌握乳沫蛋糕的定义。

任务一　瑞士纹身卷

学习目标

☆ 能够掌握全蛋搅打方法，能卷制成型蛋糕卷。

☆ 能按照制作工艺流程，在规定时间内完成瑞士纹身卷的制作。

☆ 养成良好的卫生习惯和职业规范。

瑞士纹身卷是海绵蛋糕的一种，通过全蛋搅打法完成面糊的制作，在烤盘上将面糊倒成薄薄的一层，留一点点蛋糕糊用浓缩朱古力膏或溶解的可可粉拌匀，在面糊上画出花纹，烤熟后卷上果酱或奶油，形成松软的海绵质感的蛋糕卷。本任务使用全蛋搅打法制作瑞士纹身卷。

成品标准

花纹清晰美观，膨松饱满，气孔细密富有弹性，口味香甜。

微课　瑞士纹身卷

任务实施

一、制作工具

搅拌器、粉筛、烤盘、晾网、锯刀、抹刀、橡皮刮刀、不锈钢盆、油纸等。

二、制作配方

瑞士纹身蛋糕的制作配方见表 2－2－1 所列。

表 2-2-1　瑞士纹身蛋糕制作配方

投料顺序	A			B			C		D	E
原料	低筋粉	吉士粉	蛋糕油	鸡蛋	细糖	盐	水（牛奶）	蛋奶香精	色拉油	浓缩朱古力膏
质量/g	450	50	40	1000	500	5	125	适量	75	适量

三、制作过程

（1）搅打蛋液：B 慢速搅拌 2min 至糖溶化（图 2-2-1）。

（2）拌入粉打发：加入 A（图 2-2-2），先慢速把粉拌匀后快速打至充分起发（图 2-2-3）。

（3）加入油、水：加入 C 中速拌匀，再加入 D 拌匀（图 2-2-4）。

图 2-2-1
搅打蛋液

图 2-2-2
加入 A 原料

图 2-2-3
快打起发

图 2-2-4
加油拌匀

（4）装盘：倒入（图 2-2-5）垫好油纸的烤盘里并抹平。

（5）划出花纹：取少量的面糊加入 E 调色，装入纸袋挤在面糊表面，画出花纹（图 2-2-6）。

（6）烘烤：放入预热好的烤箱，用上火 200℃、下火 175℃，烤约 16min 至熟。

（7）成型：冷却至表面与室温相等时，抹奶油（图 2-2-7）或果浆并卷起，切件，如图 2-2-8 所示。

图 2-2-5　倒入油纸上

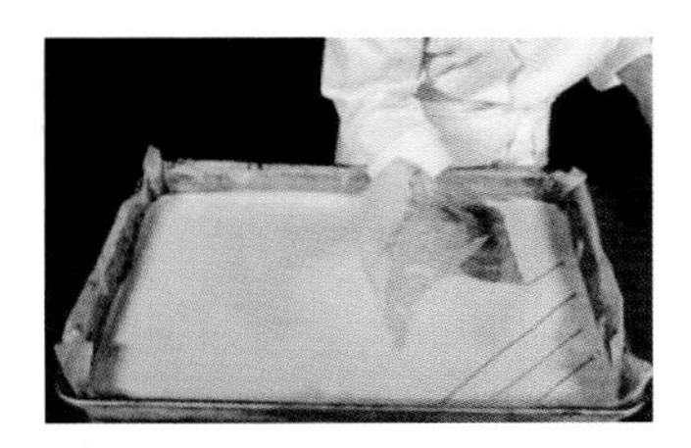

图 2-2-6　画花纹

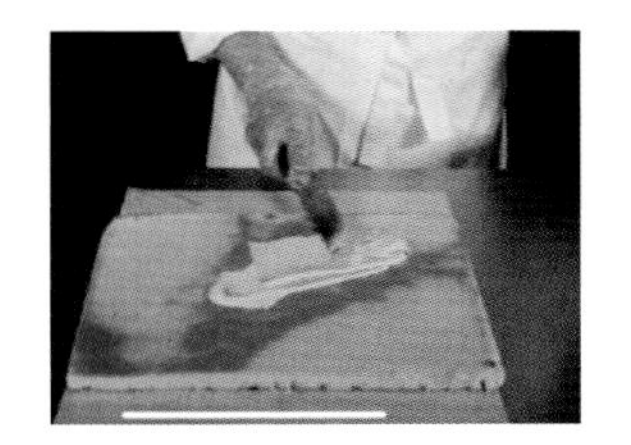

图 2-2-7　抹奶油

四、操作关键

（1）原料：蛋糕油和水的用量不宜过多，否则蛋糕容易下塌。

（2）成型：卷蛋糕时动作慢，勿过快，要卷紧，否则容易裂。

（3）切件：定型后才能切件。

图 2-2-8　纹身卷蛋糕

任务二 枣泥蛋糕

学习目标

☆ 能够掌握全蛋搅打方法，能够掌握枣泥的制作方法。
☆ 能按照制作工艺流程，在规定时间内完成枣泥蛋糕的制作。
☆ 养成良好的卫生习惯和职业规范。

枣泥蛋糕是利用全蛋打发的一款蛋糕，蛋糊中加入了大量枣泥。红枣的维生素含量非常高，有“天然维生素丸”的美誉，具有补血安神、健脾和胃、益气、滋阴补阳的功效。了解枣泥蛋糕的产品特点，熟练掌握原料及设备使用、产品的制作工艺，产品制作完成后能够进行品质鉴定分析。本任务制作一款枣泥蛋糕。

成品标准

枣香四溢，口感厚实绵密有弹性。

微课　枣泥蛋糕

任务实施

一、制作工具

搅拌器、粉筛、烤盘、晾网、锯刀、抹刀、橡皮刮刀、不锈钢盆、油纸、料理机等。

二、制作配方

枣泥蛋糕的制作配方见表 2-2-2 所列。

表 2-2-2　枣泥蛋糕的制作配方

投料顺序	A					B				C			D	E
原料	低筋粉	高筋粉	泡打粉	食粉	牛奶香粉	红枣干	清水	牛奶	白兰地酒	酸奶	白兰地酒	糖	液态酥油	蛋
质量/g	400	100	10	5	10	200	1000	40	80	250	20	400	400	400

三、制作过程

（1）制作枣泥：将 B（除牛奶外）煮制软烂（煮干水分），加入牛奶，用料理机打成泥糊。B冷却后倒入搅拌桶里，加入 C，打至糖溶化，红枣呈泥状，如图 2-2-9 和图 2-2-10 所示。

（2）打制蛋糊：慢慢加入 D 搅匀后，分次加入 E，如图 2-2-11 和图 2-2-12 所示。

（3）拌入粉：拌匀后慢速搅拌均匀，最后加入过筛的 A 拌匀即可，如图 2-2-13 和图 2-2-14所示。

图 2-2-9 煮红枣干

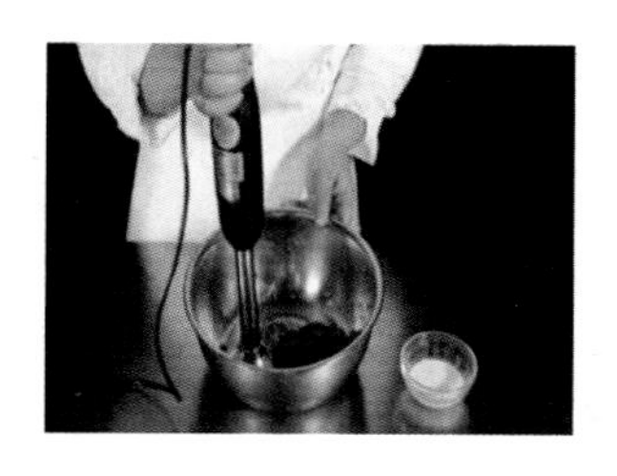
图 2-2-10 打枣泥

图 2-2-11 加入液态酥油

图 2-2-12 加入蛋液

图 2-2-13 加入粉

图 2-2-14 搅拌均匀

(4) 装模：装入模具八成满（图 2-2-15）。

(5) 烘烤：放入预热好的烤箱，炉温为上火 200℃、下火 180℃。

(6) 成品：熟透（图 2-2-16）后取出即可。

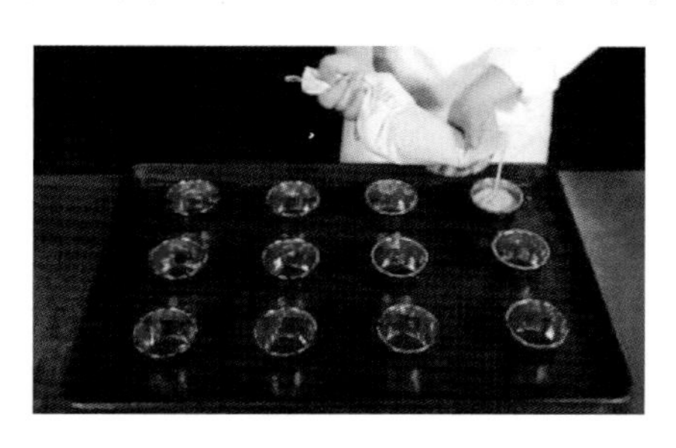
图 2-2-15 装入模具

图 2-2-16 枣泥蛋糕

四、操作关键

(1) 原料：红枣先用红枣片，应制作成枣泥再用。

(2) 过程：打制时注意原料的先后顺序。

任务二 健康红糖蛋糕

学习目标

☆ 能够掌握全蛋搅打方法。

☆ 能按照制作工艺流程，在规定时间内完成健康红糖蛋糕的制作。

☆ 养成良好的卫生习惯和职业规范。

健康红糖蛋糕是由面粉、鸡蛋、红糖、油脂为主要食材做成的一道蛋糕。红糖益气补血，缓中止痛，健脾暖胃，化食散寒，活血化瘀。此蛋糕红糖味浓，色泽棕红，口感松软香甜。本任务制作一款健康红糖蛋糕，了解健康红糖蛋糕的产品特点，熟练掌握原料及设备使用、产品的制作工艺，产品制作完成后能够进行品质鉴定分析。

成品标准

红糖味浓，色泽棕红，口感松软香甜。

微课　健康红糖蛋糕

任务实施

一、制作工具

搅拌器、粉筛、烤盘、晾网、锯刀、抹刀、橡皮刮刀、不锈钢盆、秤等。

二、制作配方

健康红糖蛋糕的制作配方见表2-2-3所列。

表2-2-3　健康红糖蛋糕制作

原料	低筋粉	玉米淀粉	食粉	泡打粉	焦糖	糖粉	红糖粉	鸡蛋	液态酥油
质量/g	700	150	5	28	10	150	600	1000	680

二、制作过程

（1）打制面糊：先把红糖粉加少许鸡蛋，加入食粉搅拌溶化后，加入鸡蛋打化，如图2-2-17和图2-2-18所示。

（2）拌入面粉：加入面粉和其他材料并拌匀（图2-2-19）。

（3）加油：加入液体酥油并拌匀（图2-2-20）。

图2-2-17
搅打红糖粉

图2-2-18
加入鸡蛋液

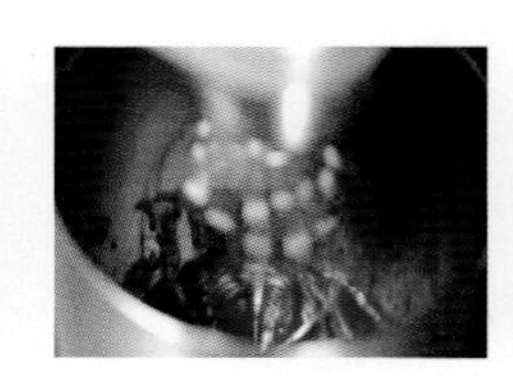

图2-2-19
加粉拌均匀

图2-2-20
加入酥油拌均匀

（4）装模：装入模具八成满（图2-2-21）。

（5）烘烤：放入预热好的烤箱，用上火190℃、下火200℃约烤25min，烤熟即可出炉（图2-2-22）。

图 2-2-21　装入蛋糕模

图 2-2-22　放入烤箱

图 2-2-23　烤熟的红糖蛋糕

四、操作关键

（1）过程：注意打制的方法和原料的先后顺序。

（2）烘烤及时间：注意烘烤的炉温及时间。

任务四　天使蛋糕

学习目标

☆ 能够复述天使蛋糕的制作过程。

☆ 能够掌握蛋清蛋糕的制作方法。

☆ 能按照制作工艺流程，在规定时间内完成天使蛋糕的制作。

☆ 培养学生养成良好的卫生习惯和职业规范。

天使蛋糕是以鸡蛋清、细糖和面粉为主要原料制作而成的。天使蛋糕于 19 世纪在美国开始流行，与其他蛋糕不相同，其具有棉花般的质地和洁白的颜色，不含油质，鸡蛋清的泡沫能更好地支撑蛋糕。本任务为制作一款天使蛋糕，了解天使蛋糕的产品特点，熟练掌握原料及设备使用、产品的制作工艺，产品制作完成后能够进行品质鉴定分析。

成品标准

蛋糕表面和里面都呈现出洁白的颜色，组织细密均匀，口感细软。

任务实施

微课　奶牛天使蛋糕

一、制作工具

搅拌器、粉筛、烤盘、晾网、橡皮刮刀、不锈钢盆、模具等。

二、制作配方

天使蛋糕的制作配方见表 2-2-4 所列。

表 2-2-4 天使蛋糕的制作配方

原料	低筋粉	蛋清	盐	细糖	塔塔粉	香草粉
质量/g	300	600	3	300	6	3

三、制作过程

（1）准备工作：把面粉过筛（图 2-2-24）；提前开好炉温，上火 170℃、下火 150℃。

（2）制作蛋清面糊：将蛋清、塔塔粉、细糖、盐、香草粉倒入搅拌器中，中速搅打至干性发泡，如图 2-2-25 和图 2-2-26 所示。

（3）拌粉：慢速加入低筋面粉（图 2-2-27），搅匀（图 2-2-28）。

（4）装模：把面糊装入模具里约七成满（图 2-2-29）。

（5）烘烤：隔水入烤箱烘烤（图 2-2-30），上火 170℃、下火 150℃，约烤 25min，烤熟即可出炉（图 2-2-31）。

图 2-2-24
面粉过筛

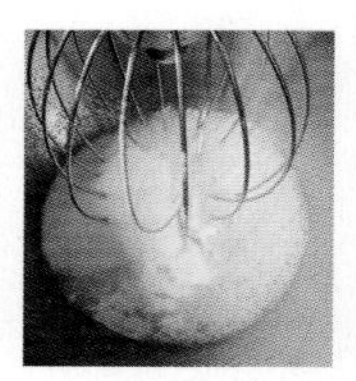

图 2-2-25
中速搅拌

图 2-2-26
干性发泡状态

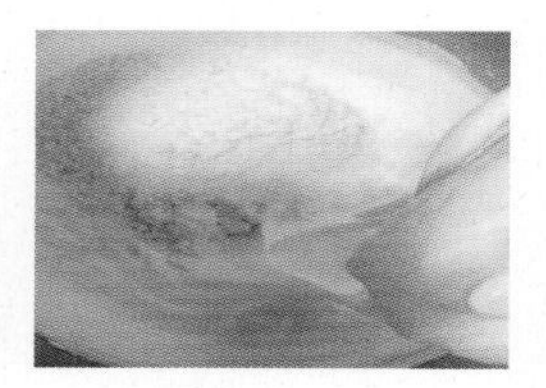

图 2-2-27
加入面粉

图 2-2-28
搅拌均匀

图 2-2-29
装入蛋糕模具中

图 2-2-30
烤盘中加入水

图 2-2-31
烤熟天使蛋糕

（6）成型：出炉后，马上脱模冷却（图 2-2-32）。

a. 正面

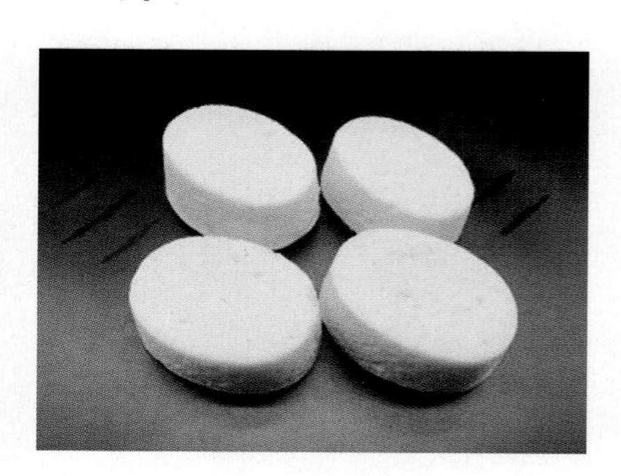

b. 底模面

图 2-2-32 天使蛋糕

四、操作关键

（1）蛋清打制：蛋清中加塔塔粉是为了平衡蛋清的碱性。如果碱性过高，烤出来的蛋糕就会呈乳白色，口感也不好。

（2）烘烤：一定要隔水烘烤。

（3）成品：出炉后要马上脱模，防止收缩。

（4）建议：最好用空心模具烘烤，效果更佳。

知识链接

海绵蛋糕常见的问题及原因

海绵蛋糕制作过程中会出现鸡蛋不窠打发，蛋糕膨大不良、蛋糕内部有大洞孔等现象，出现这些现象的原因有多种，具体见表 2－2－5 所列。

表 2－2－5　海绵蛋糕常见的问题及原因

问题	鸡蛋不容易打发	蛋糕膨大不良	蛋糕内部有大洞孔
原因	（1）搅拌盆中有油脂或与油脂一起搅拌 （2）蛋不新鲜或蛋的温度太低 （3）搅拌缸太大而蛋量太少	（1）蛋糕在烘焙时受到振动 （2）炉温过低 （3）使用太多膨松剂 （4）搅拌时打得过发或不够发 （5）混合材料搅拌太久 （6）搅拌后放置太久未烘烤 （7）炉温太高	（1）糖的颗粒太粗 （2）面糊搅拌不均匀 （3）烤炉下火温度太高 （4）蛋不新鲜 （5）面粉加入时搅拌太久 （6）面粉、膨松剂未过筛

项目三　面糊蛋糕

项目描述

凡是在材料中加入大量油脂，借以在搅拌过程中包入大量空气，使蛋糕体积膨胀，并能达到柔软蛋糕组织作用的蛋糕都称为面糊蛋糕。依据加入油脂成分的高低，面糊蛋糕还分为轻奶油蛋糕和重奶油蛋糕。

学习目标

☆ 学习各种面糊蛋糕的制作，包括各种原料及设备的使用，掌握制作过程的操作要点及程序，了解成品的特点。

☆ 掌握面糊蛋糕的定义。

任务一 布朗尼蛋糕

学习目标

☆ 能够利用油糖拌和法调制面糊。

☆ 能按照制作工艺流程，在规定时间内完成布朗尼的制作。

☆ 养成良好的卫生习惯和职业规范。

布朗尼蛋糕于19世纪末发源于美国，属于油蛋糕的一种。布朗尼蛋糕和一般重油蛋糕的区别在于通常较薄且较结实，质地介于蛋糕与饼干之间，很多人将它归为饼干类，有像蛋糕般柔软的内心和巧克力曲奇那样松脆的外衣。布朗尼既有乳脂柔软糖的甜腻，又有蛋糕的松软，还有巧克力的香浓。布朗尼蛋糕是常见的午餐，通常直接用手抓取食用，并配以咖啡、牛奶。本任务学习制作一款布朗尼蛋糕，了解布朗尼的产品特点，熟练掌握原料及设备使用、产品的制作工艺，产品制作完成后能够进行品质鉴定分析。

成品标准

质地酥散、滋润，口感绵密，醇香浓郁，既有巧克力的浓郁，又有核桃仁的香脆。

微课 布朗尼蛋糕

任务实施

一、制作工具

搅拌器、粉筛、烤盘、晾网、锯刀、抹刀、橡皮刮刀、不锈钢盆、油纸等。

二、制作配方

布朗尼蛋糕制作配方见表2-3-1所列。

表2-3-1 布朗尼蛋糕制作配方

组成部分	面糊									装饰
投料顺序	A					B		C		D	E
原料	低筋粉	高筋粉	可可粉	香草粉	盐	鸡蛋	细糖	黄油	巧克力	核桃仁	可可粉
质量/g	200	200	150	10	3	450	600	280	280	100	适量

三、制作过程

（1）搅打蛋液：搅拌盆中放入B原料，以隔水加热法（图2-3-1），边加热边搅拌至40℃左右，将全蛋搅拌至乳白浓稠状（图2-3-2）。

（2）溶化：取一盆将C原料隔水加热熔化拌匀，再倒入稠状的全蛋糊中拌和，如图2-3-3至图2-3-5所示。

图2-3-1　隔水加热

图2-3-2　搅拌至浓稠状

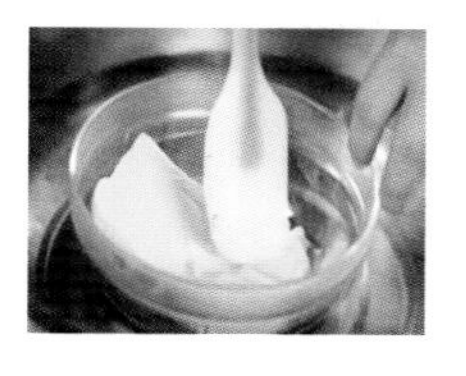
图2-3-3　熔化黄油

图2-3-4　熔化巧克力

（3）拌粉：将过筛的A原料倒入面糊中拌成面糊，如图2-3-6和图2-3-7所示。

图2-3-5　混合全蛋糊拌匀

图2-3-6　倒入混合粉

图2-3-7　搅拌均匀

（4）装盘：倒入铺好油纸的烤盘并抹平，表面撒上切碎的核桃仁，如图2-3-8和图2-3-9所示。

（5）烘烤：放入预热好的烤箱，用上火140℃、下火170℃炉温烘烤40～50min。

（6）成品：将E筛于蛋糕表面装饰（图2-3-10），冷却后切件（图2-3-11）。

图2-3-8　倒入烤盘

图2-3-9　撒核桃仁

图2-3-10　冷却

四、操作关键

（1）搅打：全蛋加糖打发后，慢速搅拌将气泡拌柔细。

（2）面糊：面糊内可拌入核桃仁碎。

图2-3-11　切件装盘

任务二　香蕉核桃蛋糕

学习目标

☆ 能够用油糖拌和法调制面糊。

☆ 能按照制作工艺流程，在规定时间内完成香蕉核桃蛋糕的制作。

☆ 养成良好的卫生习惯和职业规范。

香蕉核桃蛋糕的做法类似于麦芬，但口感比麦芬松软，香甜且不腻，且加入核桃后有不同的口感，很有层次。此蛋糕中的香蕉含有非常丰富的钾元素，可以有效帮助改善水钠滞留的问题，维持人体的电解质作用，且提升营养价值。香蕉核桃蛋糕是人们很喜欢做的一款蛋糕。本任务学习制作一款香蕉核桃蛋糕，了解产品特点，熟练掌握原料及设备使用、产品的制作工艺，产品制作完成后能够进行品质鉴定分析。

微课　香蕉核桃蛋糕

成品标准

香甜松软、湿润，香蕉味浓，呈棕黄色。

任务实施

一、制作工具

搅拌器、粉筛、烤盘、晾网、锯刀、抹刀、橡皮刮刀、不锈钢盆、均质机等。

二、制作配方

香蕉核桃蛋糕制作配方见表 2－3－2 所列。

表 2－3－2　香蕉核桃蛋糕制作配方

投料顺序	A		B		C	D	E
原料	低筋粉	泡打粉	黄油	细糖	蛋	香蕉	核桃仁
质量/g	600	10	500	500	600	500	250

三、制作过程

(1) 制作香蕉泥：把 D 用均质机或勺子制成泥待用（图 2－3－12）。

(2) 打发糖油：搅拌盆中放入 B 原料（图 2－3－13），搅打成乳白色状（图 2－3－14）。

(3) 打发鸡蛋：分次加入 C（图 2－3－15），打制起发膨松后拌入香蕉泥（图 2－3－16）。

(4) 拌入面粉：加入过筛的 A 拌匀（图 2－3－17）。

(5) 拌入核桃碎：加入切碎的核桃仁搅拌均匀（图 2－3－18）。

(6) 装模：把面糊装入裱花袋，挤入模具中至八成满（图 2－3－19）。

(7) 烘烤：放入预热好的烤箱，用上下火 180℃炉温烘烤 15min 后，降低至 170℃左右再烤 5min，呈棕黄色取出即可（图 2－3－20）。

图 2－3－12
香蕉泥

图 2－3－13
加入黄油和白糖

图 2－3－14
搅打成乳白状

图 2－3－15
加入鸡蛋

图 2-3-16
加入香蕉泥

图 2-3-17
加入面粉

图 2-3-18
加入核桃仁

图 2-3-19
装模

四、操作关键

（1）过程：将糖油打发松白后再加入香蕉。

（2）炉温和时间：注意烘烤的时间和炉温。

图 2-3-20　香蕉核桃蛋糕

任务三　提子牛油戟

学习目标

☆ 能够用油糖拌和法调制面糊。

☆ 能按照制作工艺流程，在规定时间内完成提子牛油戟的制作。

☆ 养成良好的卫生习惯和职业规范。

提子牛油戟属于磅蛋糕的一种，这款蛋糕简单容易上手，不用打发黄油，且油脂含量很高，口感扎实绵密。本任务学习制作一款提子牛油戟，了解提子牛油戟的产品特点，熟练掌握原料及设备使用、产品的制作工艺，产品制作完成后能够进行品质鉴定分析。

成品标准

色泽金黄、质地酥散、滋润，带有浓郁的牛油香味。

任务实施

微课　提子牛油戟

一、制作工具

搅拌器、粉筛、烤盘、晾网、锯刀、抹刀、橡皮刮刀、不锈钢盆等。

二、制作配方

提子牛油戟制作配方见表 2-3-3 所列。

表 2-3-3 提子牛油戟制作配方

投料顺序	A				B		C	D
原料	鸡蛋	细糖	蛋糕油	牛油香精	低筋粉	高筋粉	黄油	提子干
质量/g	1050	600	60	适量	660	180	600	200

三、制作过程

（1）准备工作：把 D 用清水洗净后泡 10min（图 2-3-21），吸干水备用。

（2）打发鸡蛋：搅拌盆中放入 A，慢速搅拌至蛋糕油完全溶化（图 2-3-22）。

（3）拌入粉：加入过筛的 B，先慢速后高速搅打，使其迅速起发至九成（图 2-3-23）。

（4）拌入油：中速慢慢加入软化的 C，搅拌均匀（图 2-3-24）。

图 2-3-21 浸泡提子干

图 2-3-22 搅打鸡蛋

图 2-3-23 加入面粉搅打

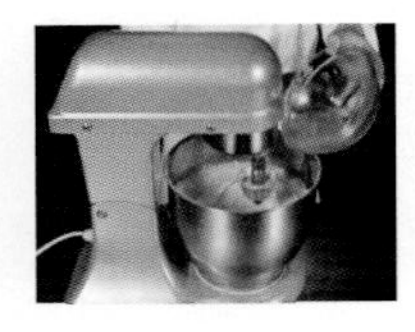

图 2-3-24 加入黄油拌匀

（5）装模：把面糊挤入模具中至八成满（图 2-3-25），用提子干装饰（图 2-3-26）。

（6）烘烤：放入预热好的烤箱，用上火 200℃、下火 180℃炉温烘烤 20～22min，呈金黄色时取出（图 2-3-27）。

图 2-3-25 装模

图 2-3-26 装饰

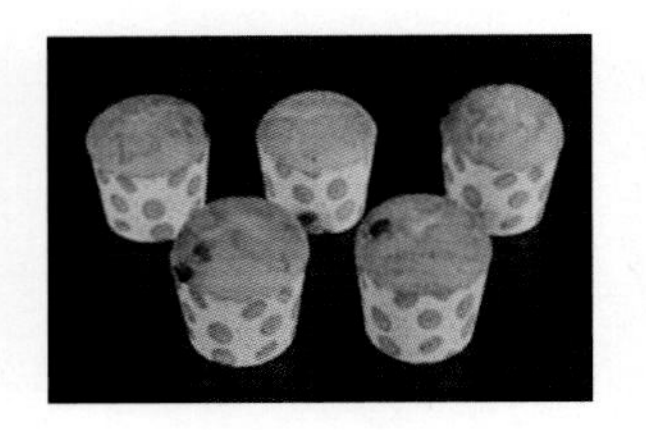

图 2-3-27 提子牛油戟蛋糕

四、操作关键

（1）过筛：高筋粉和低筋粉一定要混合过筛。

（2）进粉：蛋糕油必须完全熔化后才进粉。

（3）黄油：加入黄油前，黄油必须软化成液态且常温。

任务四 魔鬼巧克力蛋糕

学习目标

☆ 能够掌握面糊的调制方法。

☆ 能按照制作工艺流程，在规定时间内完成魔鬼巧克力蛋糕的制作。

☆ 养成良好的卫生习惯和职业规范。

魔鬼巧克力蛋糕属于面糊类蛋糕，油脂含量较高，与天使蛋糕完全不同，但与天使蛋糕同一时期出现，以巧克力、牛油为主料。魔鬼巧克力蛋糕具有浓郁的巧克力香味，口感细腻软绵。本任务学习制作一款魔鬼巧克力蛋糕，了解魔鬼巧克力蛋糕的产品特点，熟练掌握原料及设备使用、产品的制作工艺，产品制作完成后能够进行品质鉴定分析。

成品标准

浓郁的巧克力香味，口感实、细腻，香甜软绵。

微课　魔鬼巧克力蛋糕

任务实施

一、制作工具

搅拌器、粉筛、烤盘、晾网、锯刀、抹刀、橡皮刮刀、不锈钢盆、模具等。

二、制作配方

魔鬼巧克力蛋糕制作配方见表 2-3-4 所列。

表 2-3-4　魔鬼巧克力蛋糕制作配方

投料顺序	A			B			C	D
原料	低筋粉	泡打粉	可可粉	奶油	糖粉	盐	鸡蛋	巧克力酱
质量/g	550	10	50	550	500	5	550	200

三、制作过程

（1）准备工作：把 A 混合过筛拌匀；提前开好烤炉，上火 180℃、下火 150℃。

（2）打发糖油：搅拌盆中放入 B，混合搅打至乳白色，详见香蕉核桃蛋糕制作过程（图 2-3-13和图 2-3-14）。

（3）搅拌鸡蛋及进粉：分次加入 C 搅拌均匀（见香蕉核桃蛋糕制作过程中的图 2-3-15），再加入 A 混合搅拌均匀，如图 2-3-28 和图 2-3-29 所示。

（4）制作面糊：加入 D 充分搅拌均匀，形成蛋糕面糊（图 2-3-30）。

图 2-3-28　加入混合粉

图 2-3-29　搅拌均匀

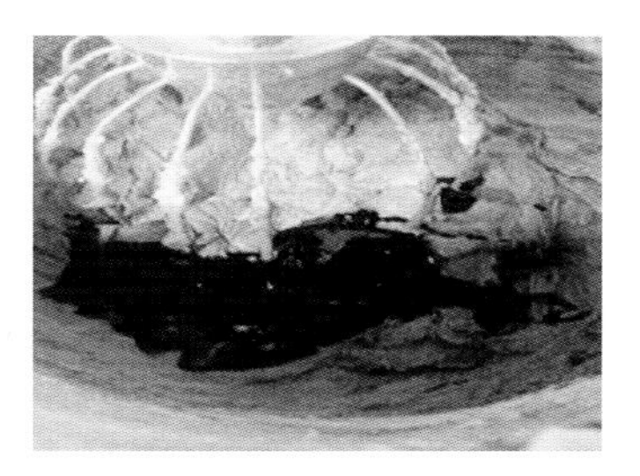

图 2-3-30　加入巧克力酱

(5) 准备模具：把黄油熔化后刷满模具内壁。

(6) 装模：把面糊装入模具中约八成满，如图 2-3-31 所示。

(7) 烘烤：放入预热好的烤箱（图 2-3-32），用上火 180℃、下火 150℃烤约 40min，熟后脱模即可，如图 2-3-33 和图 2-3-34 所示。

图 2-3-31
装模

图 2-3-32
加入烤盘

图 2-3-33
烤熟蛋糕

图 2-3-34
魔鬼巧克力蛋糕

四、操作关键

(1) 面糊：面糊应拌匀拌透。

(2) 时间：注意烘烤的时间。

知识链接

面糊蛋糕出现的问题及原因

面糊蛋糕制作过程中会出现表面有白色斑点、出炉后蛋糕收缩、表面中间凸起等现象，出现这些现象的原因有多种，具体见表 2-3-5 所列。

表 2-3-5　面糊蛋糕出现的问题及原因

问题	表面有白色斑点	出炉后蛋糕收缩	表面中间凸起
原因	(1) 糖的用量太多或颗粒太粗 (2) 碱性膨松剂用量太大 (3) 搅拌不够充分 (4) 面糊搅拌不匀 (5) 所用油脂熔点太低 (6) 烘烤时炉温太低 (7) 面糊搅拌后温度过高 (8) 液体原料用量不够	(1) 搅拌过久 (2) 蛋的用量不够 (3) 配方内膨松剂用量过多 (4) 糖和油用量太多 (5) 面粉筋力太低 (6) 烘烤时制品受到振动	(1) 搅拌过久，面糊筋力大 (2) 配方内柔性原料不够 (3) 所用面粉筋力太大 (4) 面糊太硬，用水量不足 (5) 烘烤炉温太高 (6) 鸡蛋用量太多 (7) 面糊搅拌后温度太低 (8) 面糊搅拌不够均匀

模块链接

表2-3-6　戚风、乳沫、面料蛋糕制作关键点、成品特点、工艺流程对照表

蛋糕分类	关键点	特点	工艺流程
戚风蛋糕	(1) 蛋清要打发充分 (2) 蛋黄面糊要细腻无颗粒 (3) 蛋黄、蛋白混合均匀	口感湿润，松软，柔韧性好，组织细腻，富有弹性	制作蛋黄面糊→制作蛋清面糊→混合面糊→倒盘→烘烤→成品装饰
乳沫蛋糕	(1) 蛋清或全蛋的打发 (2) 蛋糕油加入	产品内部组织细腻，气孔均匀，弹性好	打发蛋液→拌入粉→加入油、水→入模烘烤→成型装饰
面糊蛋糕	(1) 油糖隔水加温，使之稍为软化 (2) 蛋不宜采用冰蛋 (3) 要分几次加蛋 (4) 泡打粉用量不能太多 (5) 控制好炉温及烘烤时间	弹性和柔软度不如海绵蛋糕，但质地酥散、滋润，带有奶油的香味	打发油脂→加入粉→加入糖、盐→加入鸡蛋、牛奶→入模烘烤→成型装饰

模块三 面包制作

面包是烘焙食品中历史最悠久、消费数量最多、品种繁多的一大类食品，是欧美等许多国家居民的主食。英语中把包称为 Bread，是食物、粮食的同义词。一些国家把面包称为 Pan，如葡萄牙，也是粮食的意思。由此可见，面包在一些国家，如同我国的馒头、米饭一样是饮食中不可缺少的食品。面包虽在我国被归属为方便食品或糕点，但随着我国经济的发展，面包也在人们的饮食生活中占有越来越重要的地位。

面包是以面粉、酵母、水和盐为基本原料，配以糖、油、蛋乳等辅助原料，搅拌均匀成面团后，利用酵母的发酵作用使面团膨胀，体积增大，再经过成形、醒发、烘烤或油炸而成的营养丰富、易于消化、质地松软、富有弹性的方便食品。面包有以下特点。

1. 可作为主食

面包经发酵和烘烤后，不仅最大限度地发挥了小麦粉特有的风味，营养丰富，味美耐嚼，口感柔软，而且面包适于与各种菜肴相配，可做成各种方便快餐（热狗、汉堡包）。由于这一特点，西方国家有 2/3 的人口以面包为主食。

2. 可作为方便食品

面包的流通、保存和食用的适应性比馒头、米饭好。面包可以在 2～3 天，甚至更长一段时间内保持其良好的口感和风味，在保存期限内可以随时食用，不用进行特别的加热处理，很适于店铺销售或携带餐用。

3. 对消费的需求适应性广

从营养到口味、从外形到外观，面包在长期的历史中发展成为种类特别繁多的一类食品。例如，有满足高级消费要求的，含有较多油脂、奶酪和其他营养品的高级面包；还有方便食品中的三明治、汉堡；还有可以美化生活、丰富餐桌的所谓 Fashion Food 的各类花样面包。作为技能性营养食品，面包在一些发达国家被规定为中小学生的午餐，里面添加了儿童生长发育所需的所有营养成分，已经取得了明显效果。例如，日本少年儿童平均身高，比二战后增加了 10cm 以上，据说这是与中小学实行标准面包供给制（School Lunch Bread）而改善了青少年的营养结构有很大关系。日本面包生产量的 17%左右是学校用面包。面包虽然有以上优点，但由于生活习惯和生产、经济水平等原因，面包在我国的发展水平还相当低，甚至主食面包的生产和消费还只是停留在一般糕点的位置。随着国民经济的发展，面包生产将对我国人的主食工业化、商品化、科学化产生影响。

项目一　甜面团面包

项目描述

甜面团面包也称甜餐包，是品种较为丰富的一类面包。这类面包的面团配方中的糖、油比例高，面包柔软香甜，又常配以各种特色馅料，深受亚洲区域消费者的喜爱。甜面团面包也经常被作为早餐和外出旅行必备的方便食品。甜面团面包质量一般不超过100g，多采用快速法制作，面包店中常为现烤现卖。

学习目标

☆ 学习各种甜面团面包的制作，包括各种原料及设备的使用，掌握制作过程的操作要点，了解成品的特点。

☆ 能自主完成红豆面包、菠萝酥皮面包等9种甜面团面包的制作。

任务一　红豆甜包

学习目标

☆ 了解面团的软硬程度，掌握红豆甜包的发酵、整形、烘烤。

☆ 能按照制作工艺流程，在规定时间内完成红豆甜包的制作。

☆ 养成良好的卫生习惯和职业规范。

红豆甜包的面团其实就是一般的甜面团，红豆面包中最不可缺少的便是包在面包中的红豆豆沙。在制作红豆甜包时，选择含红豆粒多的红豆馅，红豆料多的甜包，口感较好。本任务学习红豆甜包的制作工艺，了解红豆甜包的产品特点，熟练掌握原料及设备使用、产品的制作工艺，产品制作完成后能够进行品质鉴定分析。

成品标准

色泽金黄，形状圆整，膨松柔软，口味香甜。

任务实施

一、制作工具

和面机、刮板、烤盘、秤等。

二、制作配方

红豆甜包的制作配方见表3-1-1所列。

表3-1-1 红豆甜包的制作配方

组成部分	甜面团									馅料
投料顺序	A							B		C
原料	高筋粉	酵母	奶粉	鸡蛋	冰水	糖	改良剂	黄油	盐	红豆馅
烘焙百分比/%	100	1	0.8	10	48	20	1	10	1	60
质量/g	2500	25	20	250	1200	500	15	250	25	600

三、制作过程

(1) 调制面团：高筋粉、酵母、奶粉、鸡蛋、糖、冰水（分次加入）、改良剂慢速搅匀（图3-1-1），最后加入黄油（图3-1-2）、盐搅匀，快速搅拌至面筋充分扩展，再慢速搅拌1min即成面包面团（图3-1-3）。

(2) 面团发酵20min，分割成剂重60g的剂子，滚圆（图3-1-4）、松弛15min（图3-1-5）。

(3) 包入20g豆沙馅（图3-1-6），包成圆形，排放在烤盘内（图3-1-7）。

(4) 入醒发箱（温度38℃、相对湿度75%）醒发到85%（图3-1-8），取出刷上蛋液（图3-1-9），表面装饰芝麻（图3-1-10）。

(5) 入炉（上火200℃、下火180℃）烤8～10min，呈金黄熟后取出（图3-1-11）。

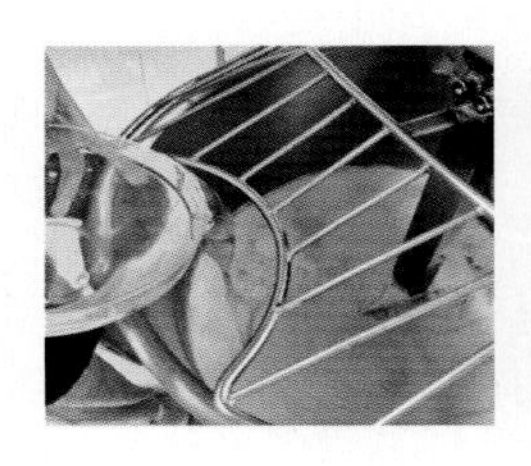
图3-1-1 搅拌面粉

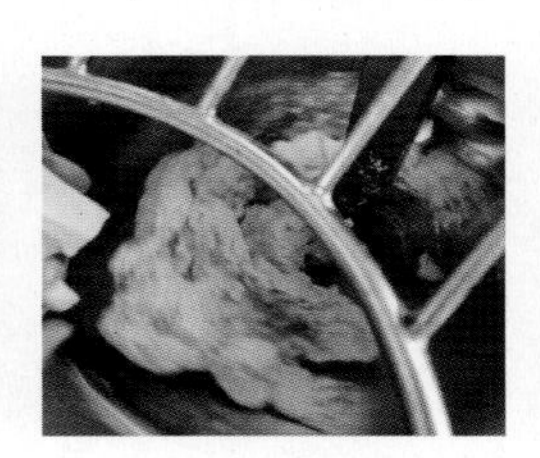
图3-1-2 加入黄油

图3-1-3 面包面团

图3-1-4 搓圆

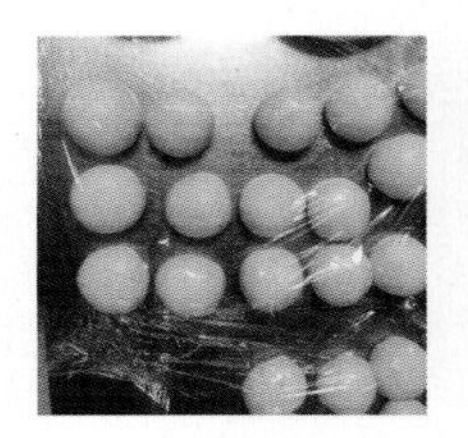
图3-1-5 饧发

图3-1-6 包馅

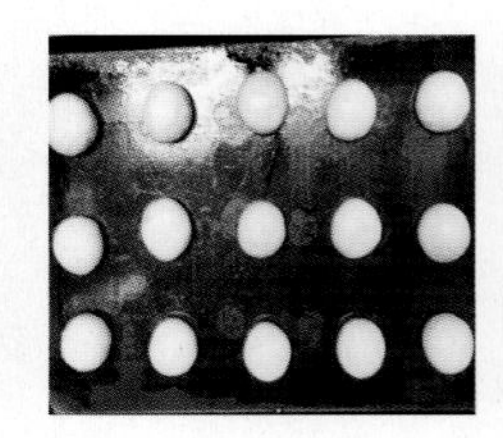
图3-1-7 面包生坯

图3-1-8 醒发

图 3-1-9　刷蛋液

图 3-1-10　撒芝麻

四、操作关键

（1）中种面团搅拌面筋不易扩展，拌匀即可。

（2）主面团应快速搅拌至面筋充分扩展。

（3）注意醒发的温度、湿度和时间。

（4）掌握烘烤的炉温。

图 3-1-11　甜面包成品

任务二　菠萝酥皮包

学习目标

☆ 能够复述菠萝酥皮包的制作过程。

☆ 能按照制作工艺流程，在规定时间内完成菠萝酥皮包的制作。

☆ 养成良好的卫生习惯和职业规范。

菠萝酥皮包是源自中国香港的一种甜味面包，其因表皮经烘焙过后表面呈金黄色、凹凸的脆皮状似菠萝（凤梨）而得名。菠萝酥皮包实际上并没有菠萝，面包中间也没有馅料。菠萝酥皮包由甜面团和酥皮两部分组成，外皮酥脆，内部柔软。本任务学习菠萝酥皮包的制作工艺，了解菠萝酥皮包的产品特点，熟练掌握原料及设备使用、产品的制作工艺，产品制作完成后能够进行品质鉴定分析。

成品标准

色泽金黄，皮质酥松香甜，内部组织膨松柔软。

微课　菠萝酥皮包

任务实施

一、制作工具

和面机、刮板、烤盘、秤等。

二、制作配方

菠萝酥皮包的制作配方见表 3-1-2 所列。

表 3－1－2　菠萝酥皮包制作配方

组成部分	甜面团									菠萝皮							
投料顺序	A							B		C		D					
原料	高筋粉	酵母	奶粉	鸡蛋	冰水	糖	改良剂	黄油	盐	低筋粉	泡打粉	奶油	糖	鸡蛋	水	臭粉	菠萝香精
烘焙百分比/%	100	1	0.8	1	48	20	0.6	10	1	20	0.48	6	10	8	2	0.2	—
质量/g	2500	25	20	250	1200	500	15	250	25	500	12	150	250	200	50	5	适量

三、制作过程

搅拌甜面团，方法和本项目任务一相同，制作过程详见甜面团面包步骤（1）～（3）。

（1）调制菠萝皮：C 过筛，开窝放入 D，搅拌匀和成酥皮面团，如图 3－1－12 至图 3－1－14所示。

（2）甜面团发酵 20min，分割成剂重 60g 的剂子，滚圆、排放在烤盘内，醒发到 85%（图 3－1－15）。

图 3－1－12
面粉开窝

图 3－1－13
揉面

图 3－1－14
和成面团

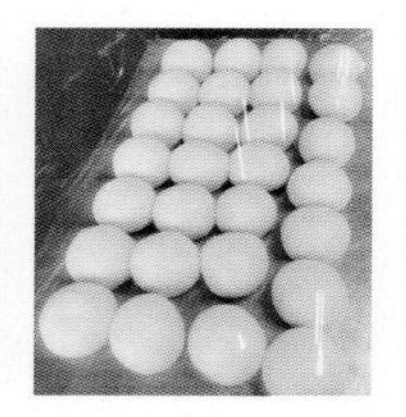

图 3－1－15
醒发面团

（3）将菠萝皮面团下剂 20g，用刀拍成圆形皮，盖在醒发好的面包坯表面（图 3－1－16），然后用菠萝模压成菠萝花纹（图 3－1－17），扫上蛋液。

（4）入炉烘烤（上火 200℃、下火 180℃）14～18min，呈金黄熟后取出（图 3－1－18）。

图 3－1－16　盖酥皮

图 3－1－17　压制菠萝花纹

图 3－1－18　菠萝酥皮面包

四、操作关键

（1）面团应快速搅拌至面筋充分扩展。

（2）掌握好菠萝皮面团的软硬度。

（3）坯剂要搓紧、搓圆、搓光滑。

（4）酥皮盖至表皮面积的 80%。

任务二　酥粒吉士面包

学习目标

☆ 了解面团的软硬程度，能掌握酥粒吉士面包的发酵、整形、烘烤。

☆ 能按照制作工艺流程，在规定时间内完成酥粒吉士面包的制作。

☆ 养成良好的卫生习惯和职业规范。

酥粒吉士面包是一款用以酥粒装饰的面包，具有酥脆的皮、香浓甜口的酥粒和柔软的内心，早餐、午餐、晚餐都能作为佐餐，或者作为下午茶的伴侣。本任务介绍酥粒吉士面包的制作工艺，了解酥粒吉士面包的产品特点，熟练掌握原料及设备使用、产品的制作工艺，产品制作完成后能够进行品质鉴定分析。

成品标准

色泽金黄，皮质酥松，内部膨松柔软。

任务实施

一、制作工具

和面机、刮板、烤盘、秤等。

二、制作配方

酥粒吉士面包的制作配方见表 3－1－3 所列。

表 3－1－3　酥粒吉士面包的制作配方

组成部分	甜面团									酥粒				沾面料
投料顺序	A							B		C				D
原料	高筋粉	酵母	奶粉	鸡蛋	冰水	糖	改良剂	黄油	盐	低筋粉	黄油	酥油	糖粉	即溶吉士馅
烘焙百分比/%	100	1	0.8	10	48	20	0.6	10	1	8	2	2	4	—
质量/g	2500	25	20	250	1200	500	15	250	25	200	50	50	100	300

三、制作过程

搅拌甜面团，和本项目任务一相同。

(1) 调制酥粒：将 C 拌匀（图 3－1－19），用手搓成粒状（图 3－1－20）。

(2) 甜面团发酵 20min，分割成剂重 70g 的剂子，滚圆松弛 15min（图 3－1－21）。

(3) 将面团拉长排出气体（图 3－1－22），卷成橄榄形（图 3－1－23），排放在烤盘内，醒发到 85%。

(4) 在醒发好的面包坯表面扫上蛋水，沾上酥粒（图 3－1－24），挤上吉士馅（图 3－1－25）。

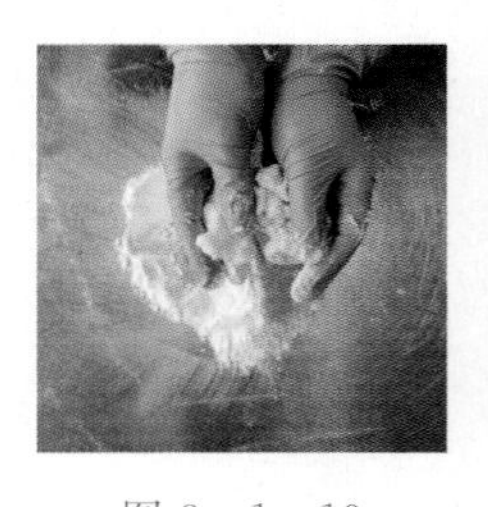
图 3－1－19
拌匀酥料原料

图 3－1－20
搓成颗粒

图 3－1－21
饧发面团

图 3－1－22
擀制排气

图 3－1－23　卷成橄榄形

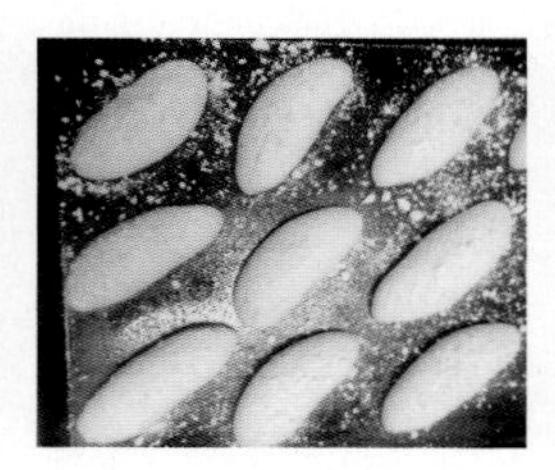
图 3－1－24　沾酥料

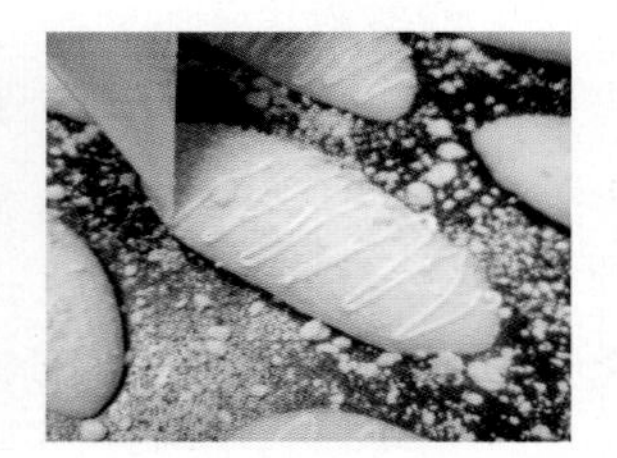
图 3－1－25　挤上吉士馅

(5) 烘烤（上火 200℃、下火 180℃）14～18min，呈金黄熟后取出。

四、操作关键

(1) 面团松弛后要拉长排出气体。

(2) 面包坯要刷蛋液后才沾酥粒，否则容易脱落。

(3) 注意烘烤炉温。

任务四　叉烧餐包

学习目标

☆ 了解面团的软硬程度，掌握叉烧餐包的发酵、整形、烘烤。

☆ 能按照制作工艺流程，在规定时间内完成叉烧餐包的制作。

☆ 养成良好的卫生习惯和职业规范。

叉烧餐包就是用面团包入叉烧馅的一款面包，其最重要的就是叉烧馅的制作。做叉烧餐包的叉烧馅必须半肥半瘦，这样做出来的叉烧餐包才油香滋润，满口浸香。本任务是学习叉烧餐包的制作工艺，了解叉烧餐包的产品特点，熟练掌握原料及设备使用、产品的制作工艺，产品制作完成后能够进行品质鉴定分析。

成品标准

微课　叉烧餐包

色泽金黄，膨松饱满，气孔细密均匀，叉烧干香，咸甜适中。

任务实施

一、制作工具

和面机、刮板、烤盘、秤等。

二、制作配方

叉烧餐包的制作配方见表 3-1-4 所列。

表 3-1-4　叉烧餐包制作配方

组成部分	面团（皮料）							馅料		叉烧包芡								
投料顺序	A					B		C	D	F								
原料	高筋粉	酵母	鸡蛋	糖	水	奶油	盐	叉烧	洋葱	风车生粉	粟粉	生抽	蚝油	生油	盐	味精	糖	水
烘焙百分比/%	100	1	10	20	50	5	1	—	—	—	—	—	—	—	—	—	—	—
质量/g	1000	10	100	200	500	50	10	500	100	8	15	10	10	10	5	5	50	150

三、制作过程

（1）慢速搅拌 A 至均匀（分次加水），最后加入 B 搅匀，快速搅拌至面筋充分扩展，再慢速搅拌 1min 即成面包面团，如图 3-1-26 至图 3-1-28 所示。

（2）叉烧、洋葱切细粒，下锅炒熟；F 部分放入马斗中调芡（图 3-1-29），加入炒熟的叉烧、洋葱（图 3-1-30），拌匀成馅备用（图 3-1-31）。

（3）面团发酵 20min，分割成剂重 40g 的剂子，滚圆、松弛 15min（图 3-1-32），包入 15g 叉烧馅包成圆形（图 3-1-33）。

图 3-1-26
慢搅面粉

图 3-1-27
快搅黄油

图 3-1-28
面包面团

图 3-1-29
调芡汁

图 3-1-30
加入馅料

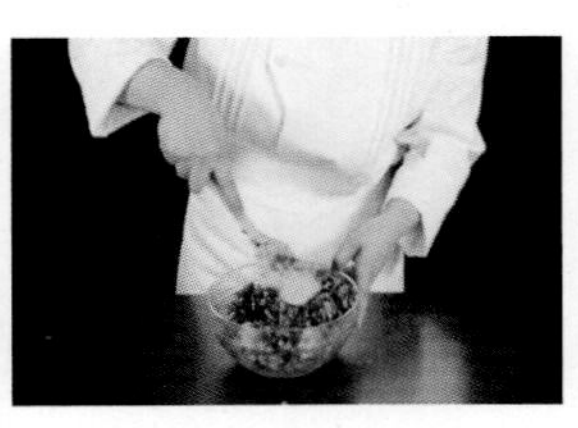
图 3-1-31
拌匀成馅料

图 3-1-32
饧厘

图 3-1-33
包馅

(4) 排放在烤盘内，醒发到 80%，刷蛋液（图 3-1-34），装饰黑芝麻（图 3-1-35），烘烤（上火 210℃、下火 190℃）至呈金黄熟后取出（图 3-1-36）。

图 3-1-34 刷蛋液

图 3-1-35 撒上芝麻

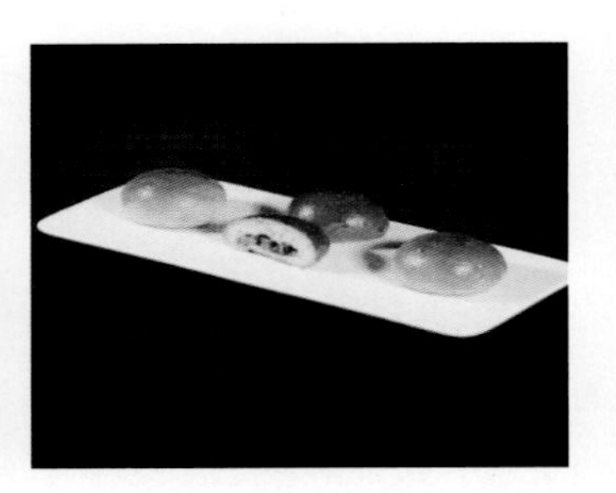
图 3-1-36 餐包成品

四、操作关键

(1) 面团应快速搅拌至面筋充分扩展。
(2) 奶油和盐应最后加入。
(3) 面团分割、滚圆后，一定要松弛后才利于成形。

任务五 肉松卷

学习目标

☆ 了解面团的软硬程度，掌握肉松卷的发酵、整形、烘烤方法。
☆ 能按照制作工艺流程，在规定时间内完成肉松卷的制作。
☆ 养成良好的卫生习惯和职业规范。

肉松卷，即在面包上加上肉松或加入肉松做内馅制成的糕点。肉松是我国著名特产之一，用猪的瘦肉或鱼肉、鸡肉除去水分后制成，因其质地疏松而得名。肉松营养丰富，其口感松软，酥脆鲜香。本任务是学习肉松卷的制作工艺，了解肉松卷的产品特点，熟练掌握原料及设备使用、产品的制作工艺，产品制作完成后能够进行品质鉴定分析。

成品标准

色泽金黄，膨松柔软，肉松、葱香浓郁。

任务实施

一、制作工具

和面机、刮板、烤盘、秤等。

二、制作配方

肉松卷制作配方见表 3-1-5 所列。

表 3-1-5　肉松卷制作配方

组成部分	甜面团									沾面料				
投料顺序	A							B		C				
原料	高筋粉	酵母	奶粉	鸡蛋	冰水	糖	改良剂	黄油	盐	沙拉酱	葱	盐	味精	肉松
烘焙百分比/%	100	1	1	10	48	20	1	10	1	—	—	—	—	—
质量/g	2500	25	20	250	1200	500	15	250	25	适量	适量	适量	适量	适量

三、制作过程

搅拌甜面团，和本项目任务一相同，详见红豆甜包调制面团步骤。

（1）面团发酵 20min，分割成剂重 1250g 的剂子，滚圆松弛 15min 后，将面团擀开成长形（图 3-1-37）放在烤盘内铺平，用轮针打孔，醒发到 85%（图 3-1-38）。

（2）取出打孔刷蛋（图 3-1-39），撒葱、盐、味精（图 3-1-40），烘烤（上火 200℃、下火 180℃），呈金黄色熟后取出（图 3-1-41）。

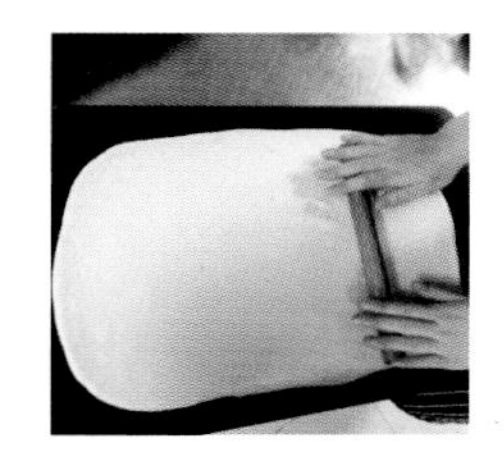

图 3-1-37
擀成长方形

图 3-1-38
醒发

图 3-1-39
刷蛋液

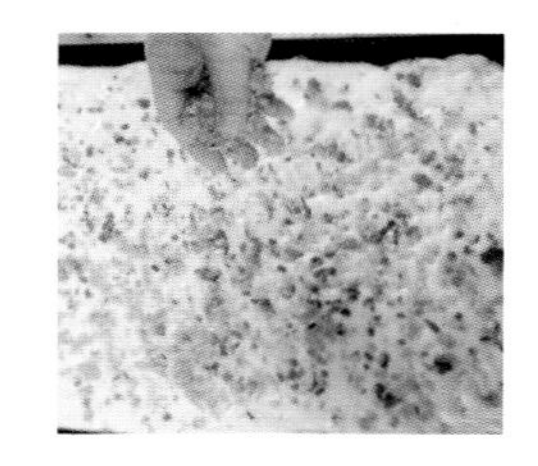

图 3-1-40
撒沾面料

（3）冷却后分成 4 段（图 3-1-42），抹上沙拉酱后卷成长条形，再切开两头，抹上沙拉酱（图 3-1-43），沾上肉松即可（图 3-1-44）。

图 3-1-41　烤熟面坯

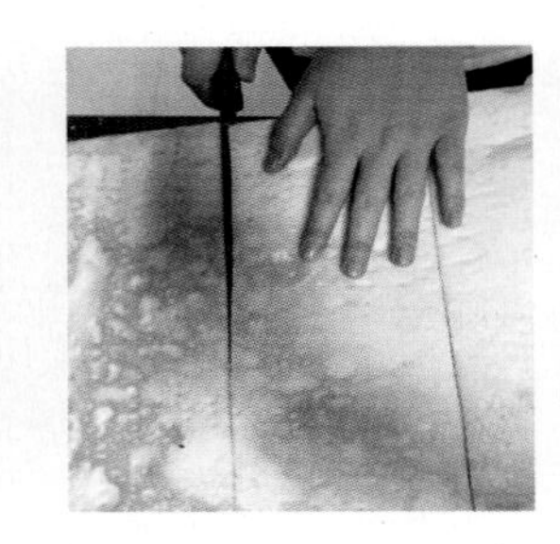
图 3-1-42　分切

图 3-1-43　抹沙拉酱

四、操作关键

(1) 面团应快速搅拌至面筋充分扩展。
(2) 奶油和盐应最后加入。
(3) 面团分割、滚圆后，一定要松弛后才利于成形。

图 3-1-44　肉松卷成品

任务六　苹果馅包

学习目标

☆ 能够复述苹果馅包的制作过程。
☆ 能按照制作工艺流程，在规定时间内完成苹果馅包的制作。
☆ 养成良好的卫生习惯和职业规范。

苹果馅包是将苹果切粒，作为馅心包入面包的一款面。苹果馅包中含有丰富的维生素、碳水化合物及多种矿物质，面包皮松软有弹性，内馅酸甜爽脆。本任务学习苹果馅包的制作工艺，了解苹果馅包的产品特点，熟练掌握原料及设备使用、产品的制作工艺，产品制作完成后能够进行品质鉴定分析。

成品标准

形状美观，膨松柔软，有弹性，香味宜人。

任务实施

一、制作工具

和面机、刮板、烤盘、秤等。

二、制作配方

苹果馅包的制作配方见表 3-1-6 所列。

表 3-1-6　苹果馅包制作配方

组成部分	甜面团									苹果馅			
投料顺序	A							B		C			
原料	高筋粉	酵母	奶粉	糖	水	鸡蛋	改良剂	奶油	盐	吉士粉	水	细糖	苹果粒
烘焙百分比/%	100	1	0.8	20	52	10	0.6	10	1	—	—	—	—
质量/g	2500	25	20	500	1300	250	15	250	25	50	500	100	750

三、制作过程

搅拌甜面团，和本项目任务一相同。

(1) 制苹果馅：将糖和吉士粉加入水中搅拌均匀，烧开呈黏稠状（图 3-1-45），拌入苹果粒即可（图 3-1-46）。

(2) 面团松弛 10min，分割成剂重 60g 的剂子，滚圆、松弛 15min（图 3-1-47）。

(3) 将面团排气，卷起成橄榄形（见图 3-1-48 和图 3-1-49），排放在烤盘内，醒发到 85%后取出，在表面挤泡芙酱（图 3-1-50）。

(4) 烘烤（上火 200℃、下火 180℃）呈金黄色熟后取出，冷却后从中间划开（图 3-1-51），放入苹果馅，表面撒糖粉装饰（图 3-1-52）。

图 3-1-45 煮糖水

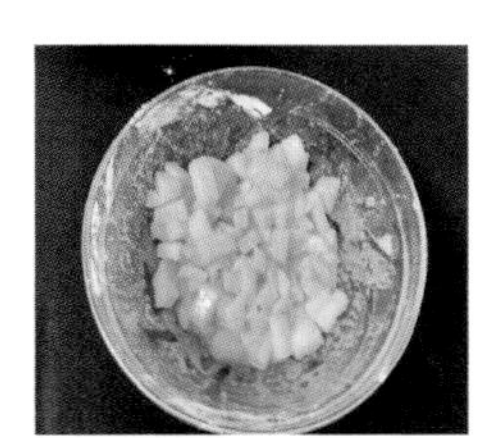
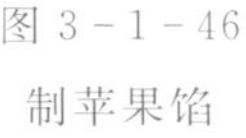
图 3-1-46 制苹果馅

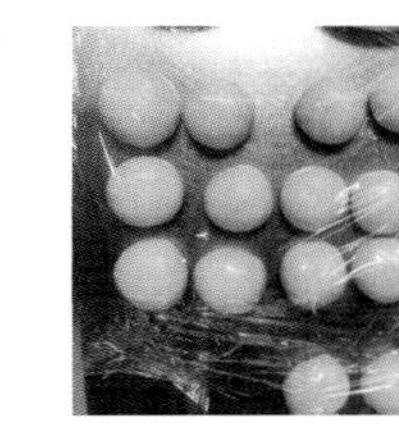
图 3-1-47 饧面剂

图 3-1-48 卷制

图 3-1-49　卷好生坯

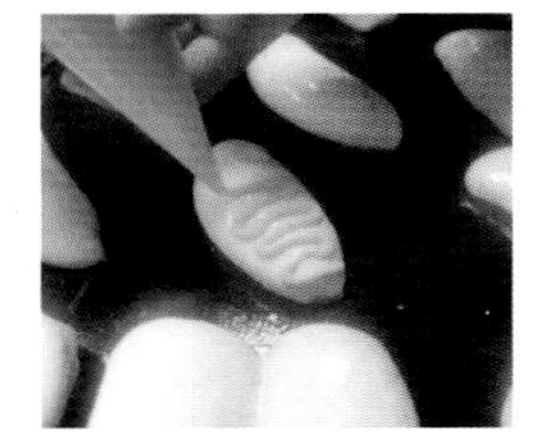
图 3-1-50　挤泡芙

图 3-1-51　切开面包

四、操作关键

(1) 应将黄油和鸡蛋打发膨松后加入蛋液。

(2) 面团一定要松弛透后再排气。

(3) 注意醒发的温度、湿度，掌握好醒发时间。

(4) 掌握烘烤的温度和时间。

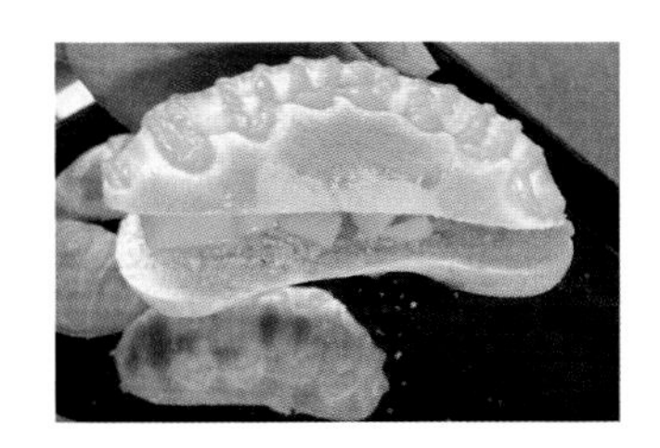
图 3-1-52　装入苹果馅

任务七 香肠仔宝包

学习目标

☆ 了解面团的软硬程度，掌握香肠仔宝包的发酵、整形、烘烤。
☆ 能按照制作工艺流程，在规定时间内完成香肠仔宝包的制作。
☆ 养成良好的卫生习惯和职业规范。

香肠仔宝包，就是在面包中加上香肠，口感膨松柔软，香肠葱香浓郁。本任务学习香肠仔宝包的制作工艺，了解香肠仔宝包的产品特点，熟练掌握原料及设备使用、产品的制作工艺，产品制作完成后能够进行品质鉴定分析。

成品标准

色泽金黄，膨松柔软，香肠葱香浓郁。

任务实施

一、制作工具

和面机、刮板、烤盘、秤等。

二、制作配方

香肠仔宝包制作配方见表 3-1-7 所列。

表 3-1-7 香肠仔宝包制作配方

组成部分	甜面团									装饰原料		
投料顺序	A							B		C		
原料	高筋粉	酵母	奶粉	糖	水	鸡蛋	改良剂	奶油	盐	香肠	沙拉酱	葱
烘焙百分比/%	100	1	1	20	52	10	1	10	1	—	—	—
质量/g	2500	25	20	500	1300	250	15	250	25	适量	适量	适量

三、制作过程

搅拌甜面团，和本项目任务一相同。

（1）面团松弛 10min，分割成剂重 60g 的剂子，滚圆、松弛 15min。

（2）将面团擀成长形（图 3-1-53）卷入香肠（图 3-1-54）卷起，两根并在一起，在表面切数刀，放入烤盘内，醒发到 85%（图 3－1－55）。取出挤沙拉酱，刷蛋液（图 3－1－56），撒葱，烘烤（上 200℃、下火 180℃）呈金黄色熟后取出（图 3－1－57）。

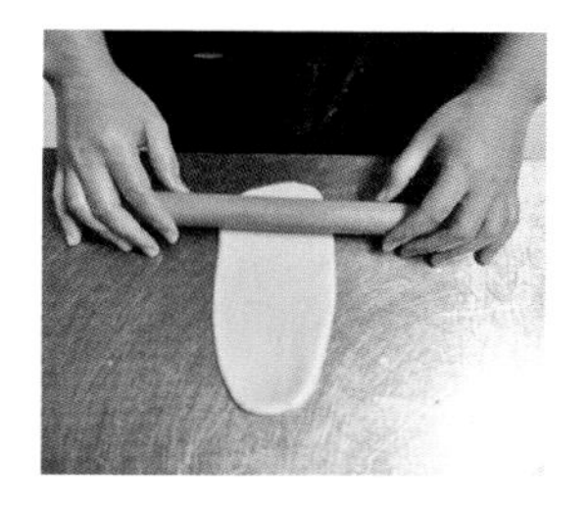

图 3－1－53
擀成长形

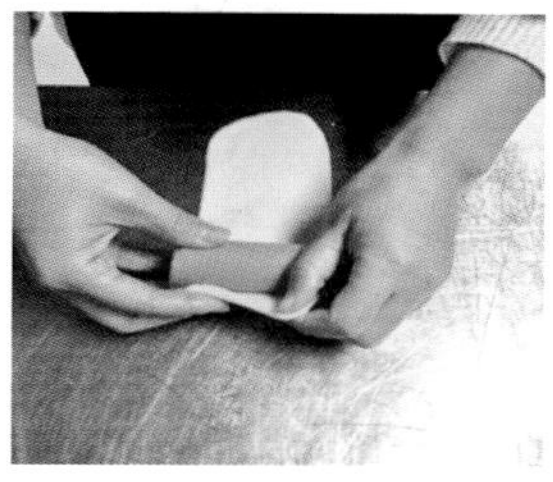

图 3－1－54
卷入香肠

图 3－1－55
切刀醒发

图 3－1－56
刷蛋液

四、操作关键

（1）掌握醒发的温度、湿度和醒发程度。

（2）掌握卷制成形的方法。

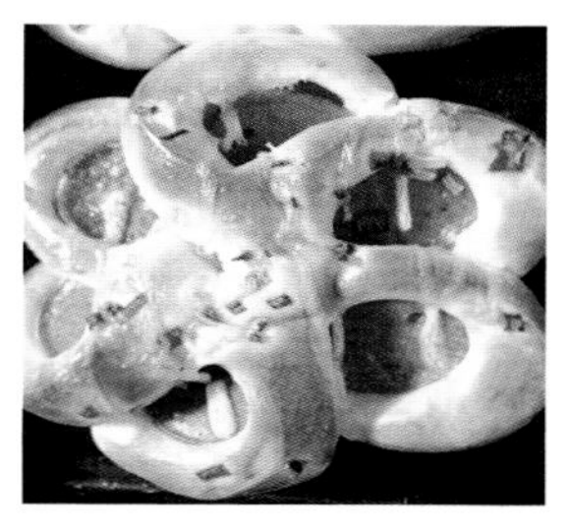

图 3－1－57　香肠仔宝包成品

任务八　咖喱牛肉包

学习目标

☆ 了解面团的软硬程度，掌握咖喱牛肉包的发酵、整形、烘烤。

☆ 能按照制作工艺流程，在规定时间内完成咖喱牛肉包的制作。

☆ 养成良好的卫生习惯和职业规范。

印度咖喱牛肉饭是特别受人喜欢的美食，咖喱牛肉香味浓郁，令人回味。把咖喱牛肉和粉一起搭配，就能做出具有独特风味的咖喱牛肉包。咖喱牛肉包富含蛋白质、碳水化合物、维生素和钙、铁、磷、钾、镁等矿物质，有养心益肾、健脾厚肠的功效。本任务学习咖啡牛肉包的制作工艺，了解咖喱牛肉包的产品特点，熟练掌握原料及设备使用、产品的制作工艺，产品制作完成后能够进行品质鉴定分析。

成品标准

色泽金黄，膨松柔软，馅滑嫩，咖喱味浓。

任务实施

一、制作工具

和面机、刮板、烤盘、秤等。

二、制作配方

咖喱牛肉包的制作配方见表 3－1－8 所列。

表 3－1－8　咖喱牛肉包的制作配方

组成部分	面团（皮料）											咖喱牛肉馅							
投料顺序	A						B			C		D							
原料	高筋粉	酵母	奶粉	糖	牛油香粉	添加剂	水	蛋	炼乳	黄油	盐	牛肉丝	洋葱丝	花生油	水	低筋粉	盐	味精	咖喱
烘焙百分比/％	100	1	4	8	—	—	55	4	4	6	1.8	—	—	—	—	—	—	—	—
质量/g	1000	10	40	80	3	3	550	40	40	60	18	500	200	适量	175	50	5	适量	25

三、制作过程

（1）调制咖喱牛肉馅：花生油倒入热锅，加入牛肉丝和洋葱丝炒香（图 3－1－58），加入水、低筋粉、盐、味精、咖喱，大火收汁，做成咖喱牛肉馅（图 3－1－59）。

（2）将 A 拌匀，加入 B 拌匀，慢速搅拌，加入 C，快速搅拌到面筋充分扩展，再慢速搅拌 1min，取出松弛 15min。

（3）将面团分割成 60g 的剂子，滚圆（图 3－1－60），松弛 15min 后排气（图 3－1－61），包入馅（图 3－1－62），两边沾紧成船形（图 3－1－63 和图 3－1－64），醒发到 80％，扫蛋水，撒葱花，挤沙拉酱（图 3－1－65）。

图 3－1－58 炒牛肉馅　图 3－1－59 牛肉馅成品　图 3－1－60 滚圆生坯　图 3－1－61 排气

图 3－1－62 包馅　图 3－1－63 卷起　图 3－1－64 船形生坯　图 3－1－65 挤沙拉酱

（4）烘烤（上火 200℃、下火 180℃）呈金黄色熟后取出，如图 3－1－66 和图 3－1－67 所示。

图 3-1-66 咖啡牛肉包　　图 3-1-67 牛肉包装盘

四、操作关键

(1) 掌握面团搅打的程度。
(2) 面团一定要松弛透后才上馅。
(3) 注意醒发的温度、湿度，掌握好醒发时间。
(4) 掌握烘烤的温度和时间。

任务八 辫子包

学习目标

☆ 了解面团的软硬程度，掌握辫子包的发酵、整形、烘烤。
☆ 能按照制作工艺流程，在规定时间内完成辫子包的制作。
☆ 养成良好的卫生习惯和职业规范。

辫子包是甜餐包类中的一个花色品种，其特点是成形时采用了编辫子的手法，成品面包的外观呈辫子形状，故取名辫子包。辫子包面团相对于其他甜餐包稍硬，为便于整形操作，一般采用快速发酵法制作工艺。常见的辫子包外形有三辫、四辫、五辫和六辫，区别仅在于编法不同，其余工序完全相同。本任务学习辫子包的制作工艺，了解辫子包的产品特点，熟练掌握原料及设备使用、产品的制作工艺，产品制作完成后能够进行品质鉴定分析。

成品标准

色泽金黄，辫条均匀，膨松柔软，口味香甜。

微课　辫子包

任务实施

一、制作工具

和面机、刮板、烤盘、秤等。

二、制作配方

辫子包制作配方见表 3－1－9 所列。

表 3－1－9　辫子包制作配方

组成部分	原料							
投料顺序	A				B		C	
原料	水	糖	鸡蛋	改良剂	酵母	高筋粉	奶油	盐
烘焙百分比/%	51	18	5	—	1	100	6	0.5
质量/g	510	180	50	3	10	1000	60	15

三、制作过程

(1) 先在搅拌缸里放入 A，慢速拌匀到充分溶解，加入 B，先慢速搅匀后换中高速搅拌至面团成团、不粘缸壁（图 3－1－68），再加入 C 继续中高速搅拌至面团均匀光滑、弹性好、有力、拉伸不易断裂（图 3－1－69）。

(2) 将面团分割成 60g 滚圆（图 3－1－70），松弛 15min，将松弛好的小面团擀薄排气，卷成中间大、两头稍尖的橄榄形面团（图 3－1－71），再搓至所需长度，要求搓后每一条面团都粗细、长短均匀一致（图 3－1－72）。

(3) 五条搓长的小面团摆放在一起，编成五辫包（图 3－1－73），摆放在烤盘上醒发到 85%（约 1h）（图 3－1－74）。

(4) 表面刷上蛋液（图 3－1－75），入炉烘烤（上火 190℃、下火 180℃）约 18min 至表面金黄色出炉即可（图 3－1－76）。

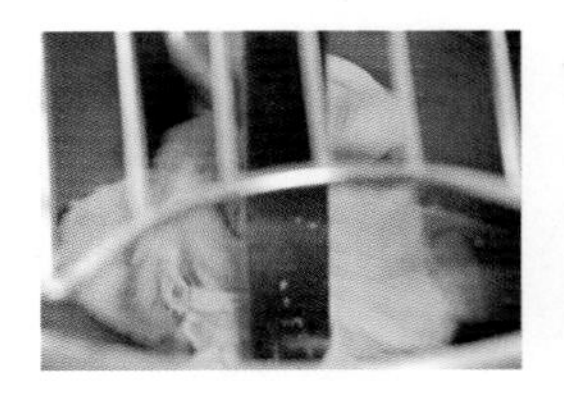

图 3－1－68
搅拌面团

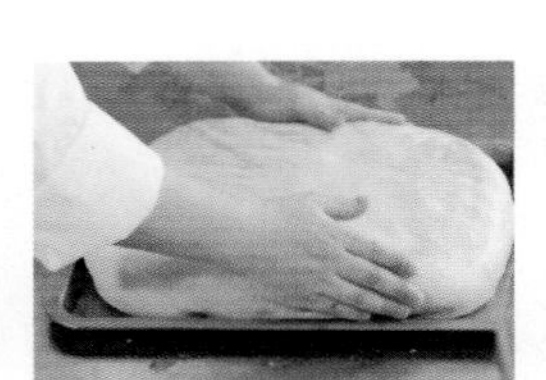

图 3－1－69
搅拌面团生坯

图 3－1－70
滚圆

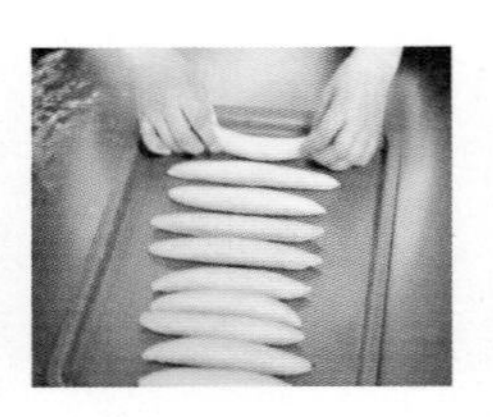

图 3－1－71
橄榄面团

图 3－1－72
搓条

图 3－1－73
编制五辫包

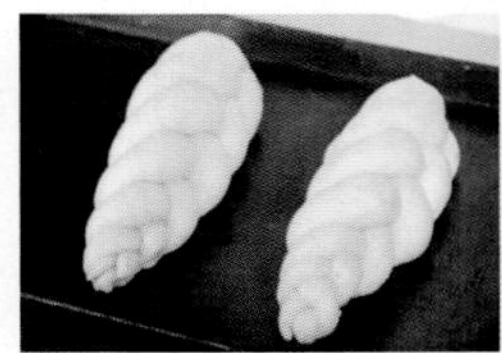

图 3－1－74
醒发

图 3－1－75
刷蛋液

四、操作关键

（1）掌握面团搅打的程度。
（2）掌握五股辫的编制方法。
（3）注意醒发的温度、湿度，掌握好醒发时间。
（4）掌握烘烤的温度和时间。

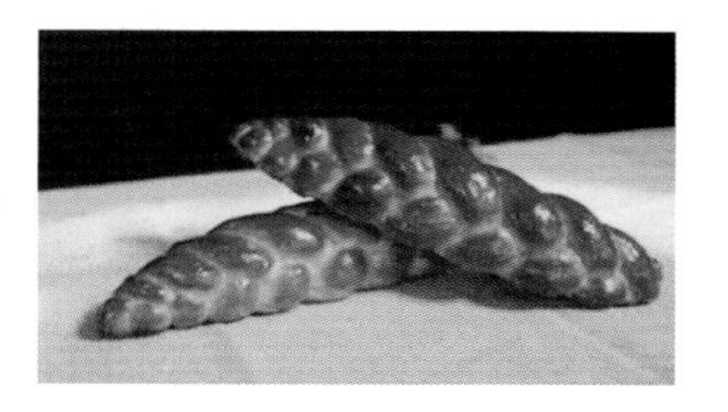

图 3－1－76　辫子包成品

项目二　硬面包

项目描述

硬面包主要流行于欧美国家，以法棍面包为代表，通常作为一日三餐的主食。其特点是较少使用辅助原料，基本上只以面粉、酵母、食盐为原料，低糖低油，以咸味居多。产品口感独特，表皮硬脆无弹性，但内部柔软有韧性，质地粗糙而有嚼劲。

学习目标

☆ 学习各种硬面包的制作，包括各种原料及设备的使用，掌握制作过程的操作要点，了解成品的特点。
☆ 能独自完成法式面包、麦穗包、艺术面包的制作。

任务一　法式面包

学习目标

☆ 了解面团的软硬程度，掌握法式面包的发酵、整形、烘烤。
☆ 能按照制作工艺流程，在规定时间内完成法式面包的制作。
☆ 培养学生养成良好的卫生习惯和职业规范。

法式面包因外形像一条长长的棍子，所以俗称法棍，也称魔杖、魔笛面包，是世界上独一无二的法国特产的硬式面包。与大多数的软面包不同，法式面包一般只使用面粉、盐、水、酵母四种原料，所以它的成品外皮比较硬。制作法式面包是对面包师的考验，上等法式面包的外皮脆而不碎、组织松软有嚼劲。本任务学习法式面包的制作工艺。

成品标准

色泽金黄，表皮松脆，内质柔软有韧性，麦香味浓郁，越嚼越香。

任务实施

微课　法式面包

一、制作工具

和面机、刮板、烤盘、擀面棍、秤等。

二、制作配方

法式面包制作配方见表 3－2－1 所列。

表 3－2－1　法式面包制作配方

原料	高筋粉	低筋粉	盐	酵母	添加剂	水
烘焙百分比/%	80	20	2	1.2	—	55
质量/g	800	200	10	12	3	550

三、制作过程

（1）将面粉、盐、酵母、添加剂混合后慢速搅匀，分次加入水慢拌匀成团（图 3－2－1），快速搅拌至面筋充分扩展，在温度为 26℃、相对湿度为 75% 的环境中发酵 60min（图 3－2－2）。

（2）将面团分割成 120g（图 3－2－3）、滚圆、松弛 15min（图 3－2－4）。

将面团排气后卷起（图 3－2－5），搓成长条形（图 3－2－6），放在法包模内（图 3－2－7），放在温度 36℃、相对湿度为 80%的醒发箱内醒发至 80%。

（4）用刀划开表面（图 3－2－8），入炉烘烤（上火 210℃，下火 230℃）2min 后喷蒸气 3s，烤至金黄色表皮脆硬后取出（图 3－2－9）。

图 3－2－1
搅拌面团

图 3－2－2
醒发面团

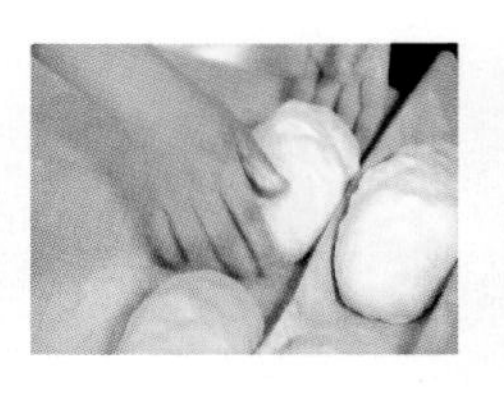

图 3－2－3
面团剂子

图 3－2－4
滚圆松弛

图 3－2－5
面团排气

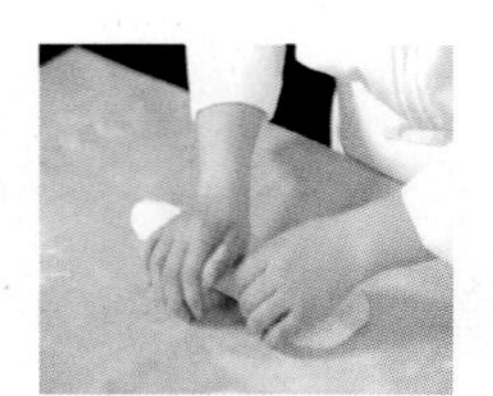

图 3－2－6
搓条

图 3－2－7
醒发

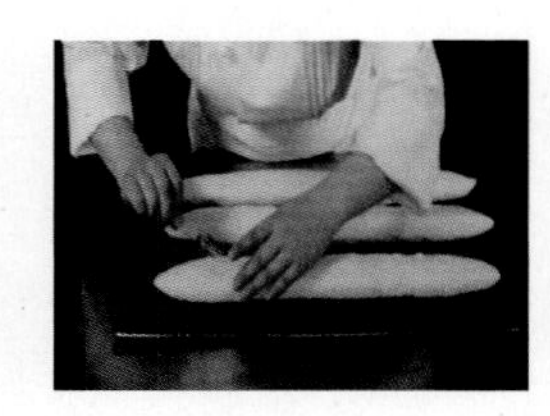

图 3－2－8
划面包生坯表面

四、操作关键

(1) 调制面团的加水量要合适。
(2) 面包成形时一定要搓得结实。
(3) 面包表面切割后要立即烘烤，防止面包下塌。
(4) 烘烤时应喷蒸汽以利于表皮硬脆。
(5) 注意掌握烘烤炉温和时间。

图 3-2-9　法棍成品

任务二　麦穗包

学习目标

☆ 了解面团的软硬程度，掌握麦穗包的发酵、整形、烘烤。
☆ 能按照制作工艺流程，在规定时间内完成麦穗包的制作。
☆ 养成良好的卫生习惯和职业规范。

麦穗包因其外观呈麦穗形状而得名。麦穗包的制作工艺与法式面包基本相同，区别在于成形时用剪刀在长棍形面团左右剪几刀而使外形呈麦穗状。麦穗包的口感具有硬面包典型的特点，外皮硬脆，内面柔软有嚼劲，且越嚼越有麦香味。

麦穗包制作工艺一般采用二次发酵法和过面团法。本任务介绍麦穗包的制作工艺，本任务产品采用二次发酵法制作。了解麦穗包的产品特点，熟练掌握原料及设备使用、产品的制作工艺，产品制作完成后能够进行品质鉴定分析。

成品标准

外形呈麦穗状，表皮脆硬，内质柔软有韧性，麦香味浓郁，越嚼越香。

任务实施

一、制作工具

和面机、刮板、烤盘、擀面棍、秤等。

二、制作配方

麦穗包的制作配方见表 3-2-2 所列。

表 3-2-2　麦穗包制作配方

原料	高筋粉	全麦粉	盐	酵母	添加剂	水
烘焙百分比/%	80	20	2	1.2	—	55
质量/g	800	200	20	12	3	550

三、制作过程

（1）酵母加入水中充分溶解，加入高筋粉慢速搅拌均匀，以防止粉尘飞出，再中速搅拌至面团（面团卷起阶段不粘缸壁）均匀成团，取出面团，在台面滚圆，放置于不锈钢盆中，盖好塑料薄膜，在温度26℃、相对湿度75%条件下发酵4～6h。面团发酵完成标准：体积增大3～5倍；面团弧顶平缓或中心稍显凹陷（图3-2-10），有个别鼓气出现；表面光滑柔软，气感充实；利刀切开表皮，内部有不规则大孔洞，伴有浓郁的发酵香气（酒精味为主）。

（2）将面团分割成100g的剂子，在台面滚圆（图3-2-11）后擀成长方形，搓卷成长条（图3-2-12），放在平烤盘上，用锋利的剪刀剪出麦穗状放入醒发箱，置于温度34℃、相对湿度80%条件下醒发约50min，醒发至九成即可（图3-2-14）。

图3-2-10
发酵面团

图3-2-11
滚圆面团

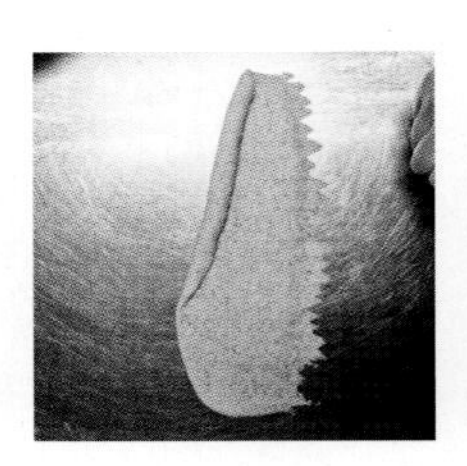

图3-2-12
搓条

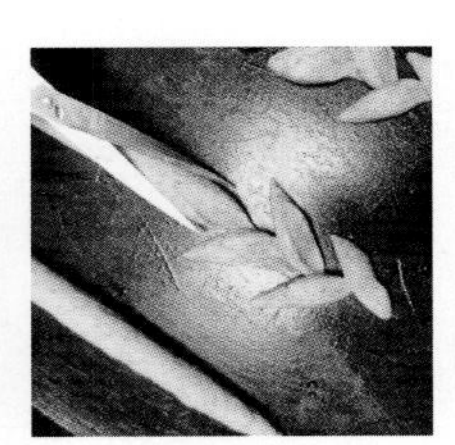

图3-2-13
剪出麦穗

（3）烤炉预热，上火230℃，下火200℃，入炉后喷蒸汽3～5s，烘烤30～35min，至表面呈棕黄色，出炉后置于冷却架上冷却至室温（图3-2-15）。

图3-2-14　醒发生坯

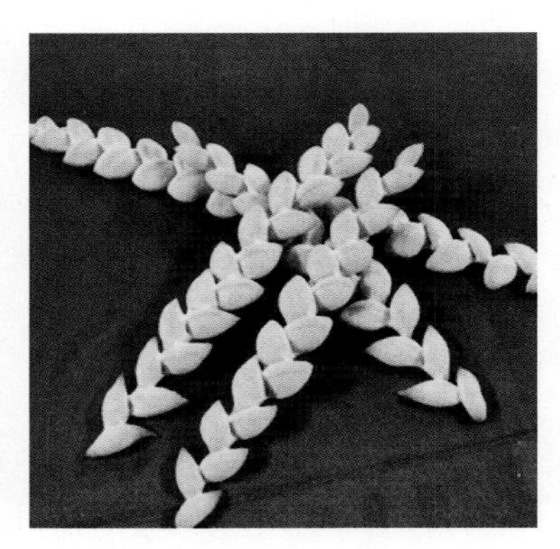

图3-2-15　麦穗包成品

四、操作关键

（1）调制面团的加水量要合适。

（2）面包成形时一定要搓得结实。

（3）面包表面切割后要立即烘烤，防止面包下塌。

（4）烘烤时应注意喷蒸汽以利于表皮硬脆。

（5）注意掌握烘烤炉温和时间。

任务二　艺术面包

学习目标

☆ 了解面团的软硬程度，掌握艺术面包的发酵、整形、烘烤方法。
☆ 能按照制作工艺流程，在规定时间内完成艺术面包的制作。
☆ 培养学生养成良好的卫生习惯和职业规范。

艺术面包在很久以前就被用作门店橱窗的陈列和店内的软性装饰，具有很好的观赏性。造型优美的艺术面包也代表着烘焙师的艺术表现水平。艺术造型面包在国内外大小赛事中占据着举足轻重的地位，它非常考验一个面包师的基本功和对面团的掌控能力，它要求厨师具有超强想象力、一定的构图能力和美术艺术功底。本任务学习艺术面包的制作工艺，了解艺术面包的产品特点，熟练掌握原料及设备使用、产品的制作工艺，产品制作完成后能够进行品质鉴定分析。

成品标准

艺术面包表皮脆硬，内质柔软有韧性，越嚼越香。

任务实施

一、制作工具

和面机、刮板、烤盘、擀面棍、秤等。

二、制作配方

艺术面包制作配方见表 3－2－3 所列。

表 3－2－3　艺术面包制作配方

组成部分	原料				固体酵种		
投料顺序	A				B		
原料	T65 面粉	鲜酵母	盐	冰水	高筋粉	水	酵母
烘焙百分比/%	100	1	2	65	—	—	—
质量/g	1000	10	20	650	500	300	2

三、制作过程

（1）将 B 全部混合均匀，密封并放置在室温条件下发酵 2～3h，放入 3℃的冰箱中冷藏一晚。将 A 中所有原料在缸中进行搅拌，搅拌至表面光滑，有良好的延伸性，能拉出薄膜。

（2）将打好的面团放置在发酵箱中，并在室温 26℃，发酵 60min。分割面团，包括 6 个 180g（3 个为一组）的剂子和 2 个 50g 的剂子，预整成椭圆形和圆形（图 3－2－16），放发酵布上松弛 30min。

（3）将发酵好的酵种面团用擀面杖将前端擀成 0.2cm 厚的面皮（图 3－2－17），用花嘴将面皮边缘压成锯齿状（图 3－2－18）。边缘刷上少许油，盖在面团上，3 个为一组（图 3－2－19）。

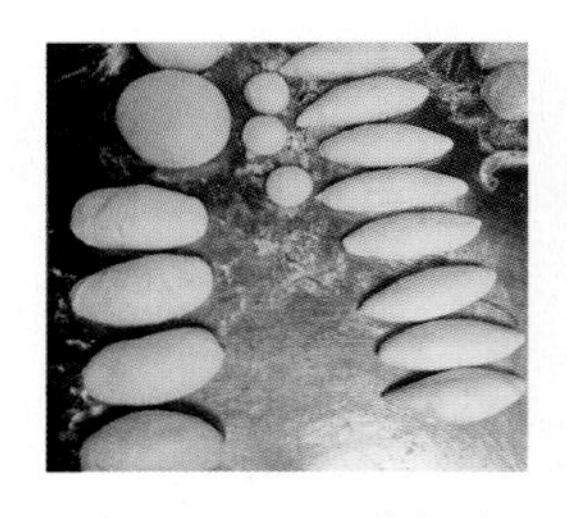

图 3－2－16 分割成不同大小的剂子

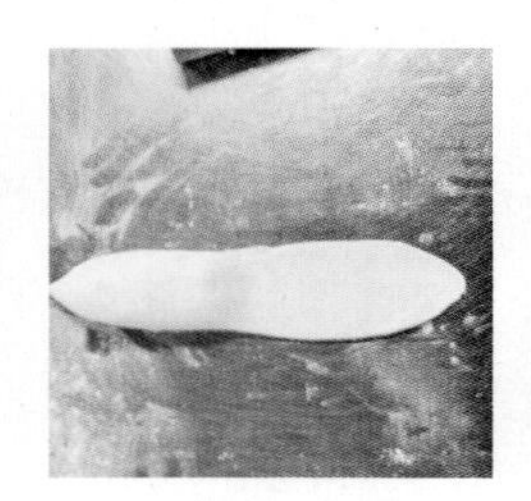

图 3－2－17 擀皮

图 3－2－18 压成锯齿

图 3－2－19 组合面团

（4）50g 的小面团喷上水，粘上奇亚籽，放在中间（图 3－2－20），醒发 45min，在面团上盖上模具，用刀划出叶子状刀口（图 3－2－21）。

（5）入炉（图 3－2－22），上火 250℃，下火 230℃，喷蒸汽 5s，烘烤 25～28min 即可（图 3－2－23）。

图 3－2－20 装入中间面团

图 3－2－21 划叶子状刀口

图 3－2－22 入炉炉烤

图 3－2－23 艺术面包成品

四、操作关键

（1）调制面团的加水量要合适。

（2）面包成形时一定要搓得结实。

（3）面包表面切割后要立即烘烤，防止面包下塌。

（4）烘烤时应注意喷蒸汽以利于表皮硬脆。

（5）注意掌握烘烤炉温和时间。

项目三　丹麦包

项目描述

丹麦包属于起酥类面包，发源于维也纳，有些地区也称其为维也纳面包。丹麦包层次分明，奶香浓郁，质地松软。其制作特点是将酥油包于经过低温发酵并擀压的面团中，经过反复的折叠开酥，形成层次分明的多层结构的酥皮，然后利用此酥皮制作成造型各异的丹麦包。

学习目标

☆ 学习各种丹麦包的制作方法，包括各种原料及设备的使用，掌握制作过程的操作要点，了解成品的特点。
☆ 能独自完丹麦酥皮、牛角包、丹麦水果面包的制作。

任务一 丹麦酥皮

学习目标

☆ 了解面团的软硬程度，掌握丹麦酥皮的发酵、整形、烘烤。
☆ 能按照制作工艺流程，在规定时间内完成丹麦酥皮的制作。
☆ 养成良好的卫生习惯和职业规范。

丹麦酥皮是制作丹麦包的基础，市场上样式繁多、款式各异的丹麦包都是在一块好的酥皮的基础上设计制作出来的。开酥是制作丹麦包最重要的基本功。本任务学习丹麦酥皮的制作工艺，了解丹麦酥皮的产品特点，熟练掌握原料及设备使用、产品的制作工艺，产品制作完成后能够进行品质鉴定分析。

成品标准

酥皮层次细密均匀，起酥膨胀性好。

任务实施

一、制作工具

和面机、刮板、烤盘、擀面棍、秤等。

二、制作配方

丹麦酥皮的制作配方见表 3-3-1 所列。

表 3-3-1 丹麦酥皮制作配方

组成部分	水油皮										油酥
投料顺序	A						B		C		D
原料	高筋粉	低筋粉	酵母	白砂糖	奶粉	改良剂	鸡蛋	冰水	盐	奶油	夹心油酥
烘焙百分比/%	85	15	1.5	16	4	—	10	48	1	8	50
质量/g	850	150	15	160	40	3	100	480	10	80	500

三、制作过程

（1）A慢速搅匀，加入B搅拌成团，再加入C拌匀，快速搅拌至面筋充分扩展（图3－3－1）。将面团擀成长方形（图3－3－2）放入－10℃冰箱冷冻2h左右，使其硬度和酥油一致。

（2）将面团擀开，包入酥油（图3－3－3）并擀开成长方形，折叠3层，折2次，包上保鲜膜，放入冰箱内冷冻松弛20min后取出，擀开折叠3层（图3－3－4），最后入冰箱冷冻60min。

图3－3－1　面筋扩展

图3－3－2　擀成长方形

图3－3－3　包入酥油

四、操作关键

（1）第一次水油皮包裹油酥时，需要二者软硬度一致。

（2）每次开酥时，酥皮都需冷藏20min以上。

（3）利用开酥机擀面时，使用中低档。

图3－3－4　酥皮二次折叠

任务二　牛角包

学习目标

☆ 了解面团的软硬程度，掌握丹麦酥皮的发酵、整形、烘烤。

☆ 能按照制作工艺流程，在规定时间内完成丹麦酥皮的制作。

☆ 养成良好的卫生习惯和职业规范。

一提起丹麦包，人们很容易想到牛角包。牛角包是丹麦包中较传统的标志性品种，因其外形酷似弯曲的牛角而得名。牛角包的制作最能体现出面包师“开酥”的功底，也是丹麦包制作的第一关。本任务学习牛角包的制作工艺，了解牛角包的产品特点，熟练掌握原料及设备使用、产品的制作工艺，产品制作完成后能够进行品质鉴定分析。

成品标准

色泽金黄，酥层清晰，芳香飘逸，体积膨松，质地松软。

任务实施

微课　牛角包

一、制作工具

和面机、刮板、烤盘、擀面棍、秤等。

二、制作配方

牛角包的制作配方与丹麦酥皮的制作配方相同，详见表3－3－1。

三、制作过程

（1）取一块丹麦酥皮，擀薄至0.6～0.8cm（图3－3－5）。

（2）切成三角形，在底部中间处切一刀（图3－3－6），卷起（图3－3－7），两端粘在一起。入醒发箱醒发至85%（图3－3－8）。

（3）刷蛋液（图3－3－9），入炉烘烤（上火200℃、下火180℃），呈金黄色熟后取出（图3－3－10）。

图3－3－5　擀酥皮

图3－3－6　底部切开小口

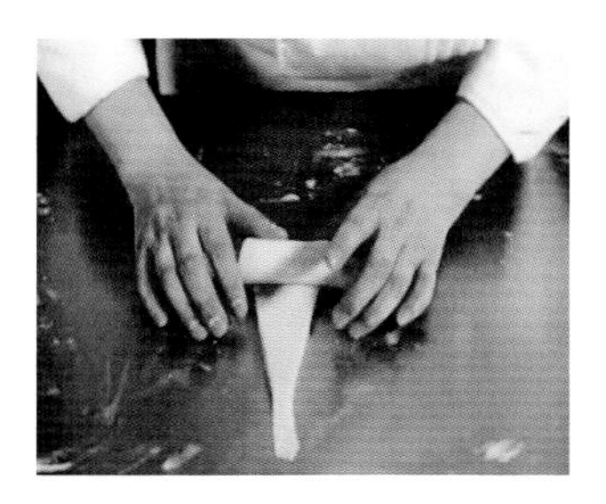
图3－3－7　卷面包

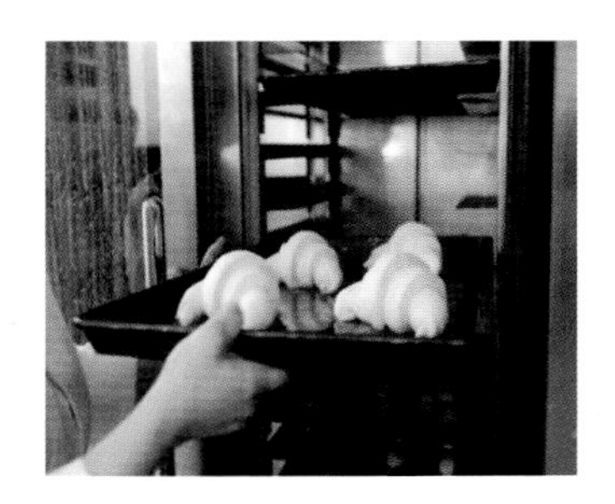
图3－3－8　醒发

图3－3－9　刷蛋液

图3－3－10　牛角包成品

四、操作关键

（1）面团应和酥油冷冻至一样的硬度。

（2）每次擀面起酥时用力要均匀，以免破酥。

（3）起酥过程中要注意面团软硬情况，如果面团过软，则应放冰箱稍冻硬后再继续操作。

任务二 丹麦水果面包

学习目标

☆ 了解面团的软硬程度，掌握丹麦水果面包的发酵、整形、烘烤方法。

☆ 能按照制作工艺流程，在规定时间内完成丹麦水果面包的制作。

☆ 养成良好的卫生习惯和职业规范。

丹麦水果面包主要由丹麦面包的基础面团和水果馅两部分组成，其营养成分主要有蛋白质、脂肪、碳水化合物、少量维生素及钙、钾、镁、锌等矿物质，口味多样，易于消化、吸收，食用方便，在日常生活中颇受人们喜爱。本任务学习丹麦水果面包的制作工艺，了解丹麦水果面包的产品特点，熟练掌握原料及设备使用、产品的制作工艺，产品制作完成后能够进行品质鉴定分析。

成品标准

色泽金黄，成形美观，口味香甜酥松。

任务实施

一、制作工具

和面机、刮板、烤盘、擀面棍、秤等。

二、制作配方

丹麦水果面包的制作配方见表 3－3－2 所列。

表 3－3－2 丹麦水果面包的制作配方

组成部分	水油皮										油酥	馅料			装饰
投料顺序	A						B		C		D	E			F
原料	高筋粉	低筋粉	酵母	白砂糖	奶粉	改良剂	鸡蛋	冰水	盐	奶油	夹心油酥	水果馅粉	水	苹果粒	水果
烘焙百分比/%	85	15	1.5	16	4	—	10	48	1	8	50	—	—	—	—
质量/g	850	150	15	160	40	3	100	480	10	80	500	50	500	750	适量

三、制作过程

（1）制作苹果馅：苹果粒和水煮开后加入水果粉（图 3－3－11），煮到水干即可（图 3－3－12）。

(2) 取一块丹麦酥皮面团擀薄至0.3cm，切成10cm的方块形（图3-3-13），将剂子折出形状（图3-3-14），在中间打孔，在温度35℃，相对湿度为75%的环境中醒发至八成(33℃、75%)。

图3-3-11
煮开水果粉

图3-3-12
煮制好苹果馅

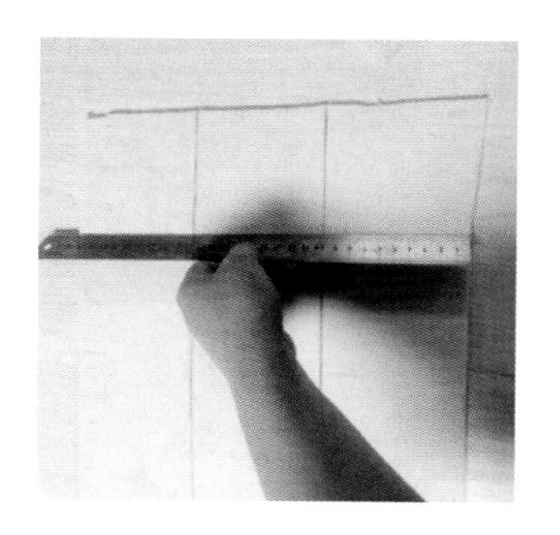
图3-3-13
切酥皮面团剂子

(3) 刷蛋液（图3-3-15），入炉（上火200℃，下火180℃）烘烤至金黄色，取出晾凉后挤上苹果馅，装饰水果即可（图3-3-16）。

图3-3-14　折出形状

图3-3-15　刷蛋液

图3-3-16　丹麦水果成品

四、操作关键

(1) 掌握面团搅打的程度（五成）。
(2) 面团一定要冰硬（-10℃、120min）。
(3) 包油起酥时用力均匀，厚薄要一致。
(4) 注意中间要打孔。

项目四　主食面包

项目描述

一个好的主食面包应该是表皮金黄或者浅棕，颜色均匀，光滑无磨损，不掉渣。切面内部的颜色是乳白色，不自然的白色就可能是加了添加剂。吐司切开组织气孔均匀膨松，无论是太紧致或者太膨松都不行。其口感湿润柔软有弹性。

学习目标

☆ 学习各种主食面包的制作工艺，包括各种原料及设备的使用，掌握制作过程的操作要点，了解成品的特点。

☆ 能独自完成提子广饶、全麦吐司、方包的制作。

任务一 方包

学习目标

☆ 了解面团的软硬程度，掌握方包的发酵、整形、烘烤。

☆ 能按照制作工艺流程，在规定时间内完成方包的制作。

☆ 养成良好的卫生习惯和职业规范。

方包是面包家族中最基本的一个大类。我国一般把用方型模具烘烤出来的方形面包统称为方包，即通常所说的吐司。有盖方包经切片后可用来制作三明治。本任务学习方包的制作工艺，了解方包的产品特点，熟练掌握原料及设备使用、产品的制作工艺，产品制作完成后能够进行品质鉴定分析。

成品标准

色泽金黄，表面光滑不掉渣，气孔均匀膨松，内质柔软有韧性。

微课　方包

任务实施

一、制作工具

和面机、刮板、烤盘、擀面棍、秤等。

二、制作配方

方包的制作配方见表 3－4－1 所列。

表 3－4－1　方包的制作配方

投料顺序	A			B			C	
原料	高筋粉	酵母	奶粉	蛋清	水	白糖	盐	黄油
烘焙百分比/%	100	1	6	10	50	5	2	10
质量/g	1000	12	60	100	500	50	20	100

三、制作过程

（1）将 A 混合过筛，加入 B 后拌匀成团。

（2）在加入 C 打至面团起薄膜（图 3－4－1），盖上保鲜膜静置 30min（图 3－4－2）。

（3）将面团分割成 150g 一个的剂子、滚圆，松弛 15min（图 3－4－4）。

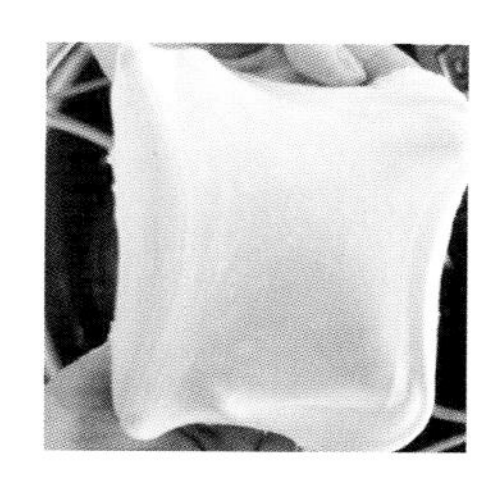
图 3－4－1
面团薄膜展示

图 3－4－2
面团静置

图 3－4－3
分割剂子

图 3－4－4
滚圆面团

（4）将面团排气卷起（图 3－4－5），擀成长形，静置 5min，再擀长卷起（图 3－4－6），放在方形模内（图 3－4－7），放入温度为 36℃、相对湿度为 80％的醒发箱内醒发至 80％。

图 3－4－5 排气卷起面团

图 3－4－6 卷成方圆形

图 3－4－7 面坯放入烤模中

（5）盖上模具盖子（图 3－4－8），入炉（上火 210℃，下火 230℃）烘烤 35min，烤至金黄色，出炉大力震模后，立即脱模（图 3－4－9），成品如图 3－4－10 所示。

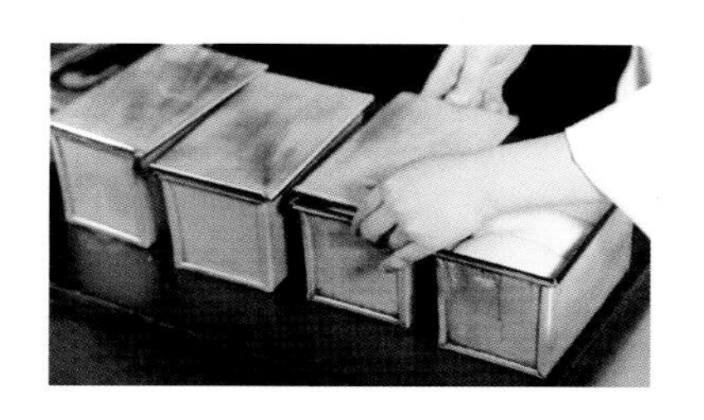
图 3－4－8 盖上模盖子

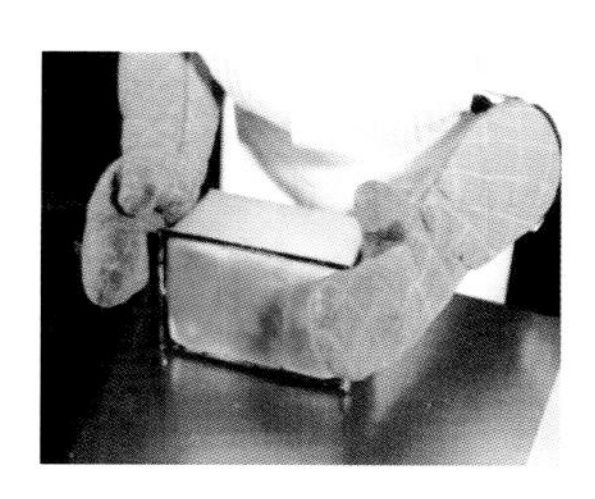
图 3－4－9 脱模

图 3－4－10 方包成品

四、操作关键

（1）调制面团的加水量要合适。

（2）面包应搅拌至面筋充分扩展，拉开呈薄膜状。

（3）一定要等面包冷却后才可以切，否则会出现切塌现象。

（4）注意醒发温度、湿度和时间。

（5）注意掌握烘烤炉温和时间。

任务二 提子方包

学习目标

☆ 了解面团的软硬程度，掌握提子方包的发酵、整形、烘烤。

☆ 能按照制作工艺流程，在规定时间内完成提子方包的制作。

☆ 养成良好的卫生习惯和职业规范。

提子方包就是在方包的基础上加入提子干，提子中的糖主要是葡萄糖，能很快被人体吸收。了解提子方包的产品特点，熟练掌握原料及设备使用、产品的制作工艺，产品制作完成后能够进行品质鉴定分析。本任务介绍提子方包的制作工艺。

成品标准

色泽金黄，表面光滑不掉渣，气孔均匀膨松，内质柔软有韧性。

任务实施

一、制作工具

和面机、刮板、烤盘、擀面棍、秤等。

二、制作配方

提子方包的制作配方见表3-4-2所列。

表3-4-2　提子方包的制作配方

投料顺序	A			B			C		D
原料	高筋粉	酵母	奶粉	蛋清	水	白糖	盐	黄油	提子干
烘焙百分比/%	100	1.2	6	10	50	10	2	10	—
质量/g	1000	12	60	100	500	100	20	100	适量

三、制作过程

(1) 将A混合过筛，加入B后拌匀成团，再加入C打至面团起薄膜，盖上保鲜膜静置30min。

(2) 将面团分割成每150g为一个的剂子，滚圆，松弛15min后，将面团排气卷起，搓成长形，静置5min，再擀长，放入泡好的提子干卷起（图3-4-11、图3-4-12），放在方形模内（图3-4-13），放入温度36℃、相对湿度为80%的醒发箱内醒发至80%。

（3）盖上模具盖子，入炉（上火 210℃，下火 230℃）烘烤 35min，烤至金黄色，出炉大力震模后立即脱模，提子方包成品如图 3－4－14 所示。

图 3－4－11　首次卷起　　图 3－4－12　二次卷起　　图 3－4－13　放入方形模内

四、操作关键

（1）调制面团的加水量要合适。

（2）面包应搅拌至面筋充分扩展，拉开呈薄膜状。

（3）一定要等面包冷却后才可以切，否则会出现切塌现象。

（4）注意醒发温度、湿度和时间。

（5）注意掌握烘烤炉温和时间。

图 3－4－14　提子方包成品

任务二　全麦吐司

学习目标

☆ 了解面团的软硬程度，掌握全麦吐司的发酵、整形、烘烤。

☆ 能按照制作工艺流程，在规定时间内完成全麦吐司的制作。

☆ 养成良好的卫生习惯和职业规范。

全麦吐司是指用没有去掉外面麸皮和麦胚的全麦面粉制作的吐司，区别于用精粉（麦粒去掉麸皮及富含营养的皮下有色部分后磨制的面粉）制作的一般吐司。本任务学习全麦吐司的制作工艺，了解全面吐司的产品特点，熟练掌握原料及设备使用、产品的制作工艺，产品制作完成后能够进行品质鉴定分析。

成品标准

色泽金黄，内部松软，醇香丰富，麦香浓郁。

任务实施

一、制作工具

和面机、刮板、烤盘、擀面棍、秤等。

二、制作配方

全麦吐司的制作配方见表 3-4-3 所列。

表 3-4-3　全麦吐司制作配方

投料顺序	A				B			C	
原料	全麦粉	高筋粉	酵母	奶粉	蛋清	水	白糖	盐	黄油
烘焙百分比/%	15	85	1	5	9	42	8	—	4
质量/g	180	1000	8	60	100	500	90	4	50

三、制作过程

（1）将 A 混合过筛，加入 B 后拌匀成团，再加入 C 打至面团起薄膜，盖上保鲜膜静置 30min。

（2）将面团分割成 150g 一个的剂子，滚圆，松弛 15min（图 3-4-15）。

（3）将面团排气卷起，擀成长形，卷起（图 3-4-16），静置 5min，再擀长，卷起（图 3-4-17），放在方形模内，放入温度为 36℃、相对湿度为 80%的醒发箱内醒发至 80%（图 3-4-18）。

图 3-4-15
分割面团滚圆

图 3-4-16
卷成长条状

图 3-4-17
卷成圆柱形

图 3-4-18
醒发

（4）盖上模具盖子，入炉（上火 210℃，下火 230°℃）烘烤 35min 至金黄色，出炉大力震模后立即脱模，全麦面包成品如图 3-4-19 所示。

图 3-4-19　全麦吐司成品

四、操作关键

（1）调制面团的加水量要合适。

（2）面包应搅拌至面筋充分扩展，拉开呈薄膜状。

（3）一定要等面包冷却后才可以切，否则会出现切塌现象。

（4）注意醒发温度、湿度和时间。

（5）注意掌握烘烤炉温和时间。

模块四　冷冻甜品

西点在西餐中被称为甜品或甜点。在我们的生活中，西餐礼仪常常被人们津津乐道，西餐正餐的顺序一般为：头盘—汤—副菜—主菜—蔬菜类—甜品—咖啡。由此可见甜品算是正餐的第六道菜。甜品分为软点、干点和湿点。软点大都热吃，如煎饼（Pancake）、吐司（Toast）、司康面包（Scone）、毛粉面包（Muffin）等，以早餐供应为主；干点大都冷吃，如黄油蛋糕（Butter Cake）、派（Pie）、挞（Tart）、泡芙（Puff）等，一般作为下午茶点；湿点的品种较多，如布丁（Pudding）、慕斯（Mousse）、冰淇淋（Lce Cream）、沙勿兰（Souffle）、果冻（Jelly）等，冷热都有，可作午、晚餐点。由此可见，甜点制品在西餐中具有不可忽视的重要地位。

冷冻甜品的品种很多，由于它们在原料、制作方法等方面有许多相同之处，在口味、口感等方面差别也不明显，因此很难明确分类。目前，国内外对冷冻甜品的分类仍沿用西餐传统的分类法，一般分为胶冻类、布丁类、慕斯类等。

1. 胶冻类

胶冻也称果冻，属于冷冻甜点。此类制品是把动物胶或植物胶溶于水或牛奶中，再加入其他配料混合均匀，经冷冻后制成。胶冻类制品包括果冻、奶油胶冻、乳冻等，具有晶莹剔透、口感绵软细腻、入口即化、清凉的特点，适合于高温气候食用。

2. 布丁类

布丁的种类很多，分类方法也较多。根据制作布丁原料的不同及成熟方法的不同，布丁可分为蒸烤布丁和胶冻布丁两大类，蒸烤布丁包括油布丁和格司布丁两种；按食用时的温度不同，布丁可分为热布丁和冷布丁，热布丁适合于寒冷的冬天食用，冷布丁适合于炎热的夏天食用。

3. 慕斯类

慕斯又称木司、莫司、毛士等，它是一类以牛奶、鲜奶油、明胶、蛋黄、糖、水果泥为基本料的奶冻式甜点，不必烘烤即可食用。实际上，慕斯不含面粉，严格来说并不是蛋糕，但人们通常会在慕斯层两头和底部加垫蛋糕，使之成为慕斯蛋糕。这样做能够消除单纯慕斯层的清淡感，给食客带来多层次的味觉体验，是现今高级蛋糕的代表，慕斯在夏季要低温冷藏，冬季无须冷藏，可保存 3～5 天。

知识链接

冷冻甜品分为搅制冷冻甜品（Churned Frozen Dessert）和非搅制冷冻甜品（Still－Frozen Dessert）两大类。

搅制冷冻甜品有冰淇淋、冰冻果子露（Sherbet）、雪芭（Sorbet）。制作搅制冷冻甜品时，需要将甜品放在冰淇淋机里冷冻至冰点以下，用搅拌器搅至柔软，形成可用勺子舀起来的质感。搅拌的动作可以使甜品里的冰晶变得细小，并且让更多的空气进入，这样甜品冷冻时还能保持轻盈柔软，能用勺子舀起来。非搅制冷冻甜品是放在模具里直接冷冻而成的，不需要经过搅拌。其轻软、充满空气感的质感来自甜品里搅打过的奶油或鸡蛋。非搅制冷冻甜品里的代表是冷冻舒芙蕾。

项目一　胶冻类

项目描述

胶冻类点心的主要原料是动物胶和植物胶。动物胶是从动物的骨骼、肉皮中提炼出来的蛋白质；植物胶由海藻类的石花菜提炼而成，富含水溶性膳食纤维，蛋白质含量高。胶冻类制品正是利用蛋白质的凝胶作用制作而成。

学习目标

☆ 学习各种胶冻类点心的制作，包括各种原料及设备的使用，掌握制作过程的操作要点，了解成品的特点。

☆ 能独自完成水晶果冻、鲜奶红豆糕、椰汁香芒糕的制作。

任务一　水晶果冻

学习目标

☆ 能够复述水晶果冻的制作过程。

☆ 能按照制作工艺流程，在规定时间内完成水晶果冻的制作。

☆ 养成良好的卫生习惯和职业规范。

水晶果冻以水与果冻粉为主要原料，经过调制面浆、装模成型、冷冻、装饰等制作而成。

成品标准

晶莹剔透，清凉爽口。

任务实施

一、制作工具

电磁炉、盆、勺、碗、果冻杯、毛巾。

二、制作配方

水晶果冻的制作配方见表 4-1-1 所列。

表 4-1-1　水晶果冻制作配方

原料	果冻粉	细糖	纯净水	水果
质量/g	10	135	540	240

三、制作过程

（1）将果冻粉与糖混合均匀，加入 200g 纯净水搅匀。

（2）将剩余的水烧开，倒入步骤（1）中，边倒边搅至均匀，烧开（图 4-1-1）。

（3）在果冻杯中放上适量水果，倒入果冻水，放至常温后，移入冰箱冷藏，凝固成型即可，过程如图 4-1-2 至图 4-1-4 所示。

图 4-1-1
果冻糖水

图 4-1-2
放入颗粒

图 4-1-3
倒入果冻水

图 4-1-4
水晶果冻

四、操作关键

果冻粉要先与糖混合，再加水，否则容易结块。

任务二　鲜奶红豆糕

学习目标

☆ 能够复述鲜奶红豆糕的制作过程。

☆ 能按照制作工艺流程，在规定时间内完成鲜奶红豆糕的制作。

☆ 养成良好的卫生习惯和职业规范。

鲜奶红豆糕主要以水、红豆、鲜奶、鱼胶粉为主要原料制作而成。本任务学习鲜奶红豆糕的制作工艺，了解鲜奶红豆糕的产品特点，熟练掌握原料及设备使用、产品的制作工艺，产品制作完成后能够进行品质鉴定分析。

成品标准

层次分明，外形美观，具有浓郁的奶香味和红豆软糯的口感。

微课　鲜奶红豆糕

任务实施

一、制作工具

电磁炉、炉灶、高压锅、盆、勺、碗、刀、不锈钢方盘、量杯、毛巾、模具。

二、制作配方

鲜奶红豆糕制作配方如表4－1－2所示。

表4－1－2　鲜奶红豆糕制作配方

原料	鲜奶	熟红豆	白糖	鱼胶粉	清水
质量/g	500	750	500	100	750

三、制作过程

(1) 将红豆洗净，用高压锅压至熟烂，捣成泥（图4－1－5），备用。

(2) 清水、白糖加入鱼胶粉煮至溶化（图4－1－6）。

(3) 将一半鱼胶水加入熟红豆，搅烂（图4－1－7），过滤；另一半鱼胶水加入鲜奶搅匀（图4－1－8）。

图4－1－5
红豆泥

图4－1－6
煮鱼胶糖水

图4－1－7
拌红豆糕

图4－1－8
拌鲜奶糕

(4) 先在方盘中倒入一半鲜奶鱼胶水，抹平冷冻（图4－1－9），待凝结后加入红豆鱼胶水（图4－1－10），冷冻凝固后加入另一半鲜奶鱼胶水冷冻（图4－1－11）。

(5) 待完全冷冻后，取出切件或用模具压出各种形状即可，如图4－1－12和图4－1－13所示。

图 4-1-9
倒鲜奶鱼胶（下）

图 4-1-10
倒红豆鱼胶

图 4-1-11
倒鲜奶鱼胶（上）

图 4-1-12
脱模

四、操作关键

（1）红豆一定要压烂。

（2）每一层都要冷冻透，液态鱼胶水也要冷却，否则会混层。

（3）整盘糕体一定要完全冷却定型后再取出切件，否则会影响成型。

图 4-1-13　棱形鲜奶红豆糕

任务二　椰汁香芒糕

学习目标

☆ 能够复述椰汁香芒糕的制作过程。
☆ 能按照制作工艺流程，在规定时间内完成椰汁香芒糕的制作。
☆ 养成良好的卫生习惯和职业规范。

椰汁香芒糕主要以芒果、椰浆、鲜奶、鱼胶粉为主要原料制作而成。本任务学习椰汁香芒糕的制作过程，了解椰汁香芒糕的产品特点，熟练掌握原料及设备使用、产品的制作工艺，产品制作完成后能够进行品质鉴定分析。

成品标准

层次丰富清晰，组织细腻，口感软滑。

微课　椰汁香芒糕

任务实施

一、制作工具

打蛋机、榨汁机、电磁炉、勺、软胶刮刀、盆、碗、刀、不锈钢方盘、毛巾。

二、制作配方

椰汁香芒糕的制作配方见表 4-1-3 所列。

表 4-1-3　椰汁香芝糕制作配方

原料	芒果肉	椰浆	鲜奶	鱼胶粉	白糖	纯净水	鲜奶油
质量/g	350	450	500	50	300	250	500

三、制作过程

（1）白糖与鱼胶粉拌匀，加入纯净水搅拌煮溶，晾凉待用。

（2）将一半芒果肉切成细粒状（图 4-1-14），剩余的芒果肉加入 1/3 的鱼胶水搅烂成稠糊状（图 4-1-15）。

（3）将剩下的鱼胶水加入鲜奶、椰浆搅匀，加入打发三成的鲜奶油搅匀，然后将 1/2 倒入方盘中冷冻至凝结。

（4）倒入芒果汁与芒果粒的混合浆抹平（图 4-1-16），冷冻至凝结后倒入最后一半鲜奶浆冷冻成型（图 4-1-17）。

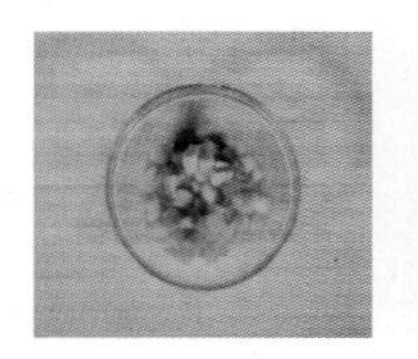

图 4-1-14
芒果粒

图 4-1-15
芒果糊

图 4-1-16
倒入芒果料

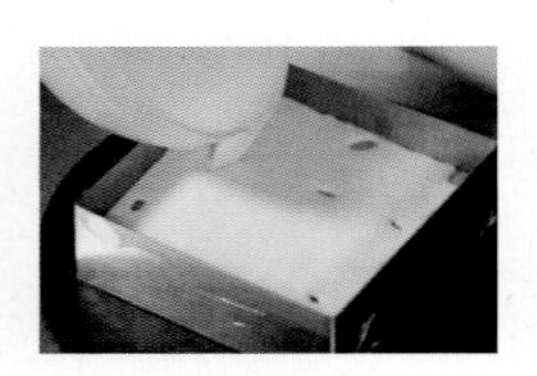

图 4-1-17
倒入鲜奶浆（上）

（5）取出切件即可，如图 4-1-18 和图 4-1-19 所示。

图 4-1-18　切件

图 4-1-19　椰汁香芒糕块

四、操作关键

（1）注意奶油只打发至三成，否则组织会粗糙。

（2）掌握好冷冻的时间。

知识链接

果冻、布丁、奶酪、慕斯蛋糕都会用到胶冻原料，即凝固剂，凝固剂分为动物胶和植物胶两大种。

动物胶就是大家比较熟悉的吉利丁（也称鱼胶、明胶），是从动物的皮或骨头中提炼出来的，具有丰富的蛋白质，用其制作的成品口感较软绵，弹性和湿润性较好。吉利丁有粉末状（鱼胶粉）和片状（鱼胶片）两种，它们用途大致相同。鱼胶片是经脱色去腥处理制成的，适合做慕斯类等高级甜品；而鱼胶粉煮制时会出现腥味，与其他材料混合后腥味消失，成品也完全没有鱼腥味道，适合做果冻布丁、奶酪等小甜点。常用于食品中的植物胶主要是琼脂，又名冻粉、洋粉、琼胶等，是从石花菜、江离等植物中提取制成的，可做增稠剂、凝固剂、乳化剂和保鲜剂，常用于果冻、冰淇淋、软糖、八宝粥中。琼脂在水中加热到 95℃才会溶化，但温度降至 40℃才会凝固，这是琼脂的一大特性。

项目二 布丁类

项目描述

布丁是英国的一种传统食品，是从古代用来表示掺有血的香肠的“布段”演变而来的。今天以蛋、面粉与牛奶为材料制造而成的布丁由当时的撒克逊人所传授。中世纪的修道院把水果和燕麦粥的混合物称为布丁，这种布丁在 16 世纪伊丽莎白一世时代正式出现，它与肉汁、果汁、水果干及面粉一起调配制作。17 世纪和 18 世纪的布丁是用蛋、牛奶及面粉为材料制作而成的。

学习目标

☆ 学习各种布丁类点心的制作，包括各种原料及设备的使用，掌握制作过程的操作要点，了解成品的特点。

☆ 能按照工艺流程，完成蛋奶布丁、芒果布丁、酸奶布丁的制作。

任务一 蛋奶布丁

学习目标

☆ 能够复述蛋奶布丁的制作过程。

☆ 能按照制作工艺流程，在规定时间内完成蛋奶布丁的制作。

☆ 养成良好的卫生习惯和职业规范。

蛋奶布丁主要以水、蛋、布丁粉、糖为主要原料加工制作而成。本任务学习蛋奶布丁的制作，了解蛋奶布丁的产品特点，熟练掌握原料及设备使用、产品的制作工艺，产品制作完成后能够进行品质鉴定分析。

成品标准

成型美观，色泽鲜明，口感软滑细腻，具有浓郁的蛋奶香味。

任务实施

一、制作工具

打蛋机、蒸锅、不锈钢锅、油刷、布丁杯。

二、制作配方

蛋奶布丁的制作配方见表 4－2－1 所列。

表 4－2－1　蛋奶布丁制作配方

原料	布丁粉	白糖	水	牛奶乳浆	蛋黄
质量/g	100	250	1450	3	200

三、制作过程

（1）将布丁粉、白糖、水、牛奶乳浆拌匀（图 4－2－1），加热至 100℃至完全溶解。将蛋黄搅匀，趁热冲入布丁水中拌匀（图 4－2－2），过滤。

（2）倒入准备好的布丁杯中，放入冰箱冷冻至凝固（图 4－2－3），表面倒入水晶果冻浆（图 4－2－4），放上水果装饰，再放入冰箱中冷冻至凝固即可（图 4－2－5）。

图 4－2－1　拌布丁水

图 4－2－2　冲蛋黄水

图 4－2－3　冷冻

图 4－2－4　放果冻浆

图 4－2－5　成型丁成品

四、操作关键

（1）掌握布丁水的浓度和温度。
（2）蛋黄冲入布丁水时一定要注意拌匀，以免过熟而凝固。
（3）掌握冷冻的时间。

任务二　芒果布丁

学习目标

☆ 能够复述芒果布丁的制作过程。
☆ 能按照制作工艺流程，在规定时间内完成芒果布丁的制作。
☆ 培养学生养成良好的卫生习惯和职业规范。

芒果布丁主要以芒果肉粒、芒果乳浆、布丁粉、水等主要原料制作而成。本任务学习芒果布丁的制作方法，了解芒果布丁的产品特点，熟练掌握原料及设备使用、产品的制作工艺，产品制作完成后能够进行品质鉴定分析。

成品标准

成型美观，色泽鲜明，口感软滑细腻，芒果香味浓郁。

微课　芒果布丁

任务实施

一、制作工具

打蛋机、电磁炉、冰柜、不锈钢锅、油刷、布丁杯。

二、制作配方

芒果布丁的制作配方见表4-2-2所列。

表4-2-2　芒果布丁制作配方

原料	布丁粉	白糖	水	芒果乳浆	鸡蛋	芒果肉粒
质量/g	100	250	1400	5	150	100

三、制作过程

（1）将布丁粉、白糖、水、芒果乳浆拌匀（图4-2-6），加热至100℃溶解。稍冷却，将鸡蛋搅匀，趁热冲入布丁水中拌匀（图4-2-7），过筛（图4-2-8）。

（2）将芒果肉切成粒，放入布丁杯中（图4-2-9），倒入布丁水拌匀（图4-2-10），放入冰箱冷冻至凝固，再放上水果装饰，放入冰箱冷冻至凝固即可。

图 4-2-6　拌布丁水

图 4-2-7　冲入鸡蛋

图 4-2-8　过渡布丁水

图 4-2-9　放芒果料

四、操作关键

（1）掌握布丁水的浓度和温度。

（2）芒果要选择成熟香甜的，果肉不易过生，否则酸味过重影响口味。

（3）掌握冷冻的时间。

图 4-2-10　倒入布丁水

任务二　酸奶布丁

学习目标

☆ 能够复述酸奶布丁的制作过程。

☆ 能按照制作工艺流程，在规定时间内完成酸奶布丁的制作。

☆ 培养学生养成良好的卫生习惯和职业规范。

酸奶布丁主要以酸奶、糖、水等为主要原料制作而成。了解酸奶布丁的产品特点，熟练掌握原料及设备使用、产品的制作工艺，产品制作完成后能够进行品质鉴定分析。本任务介绍酸奶布丁的制作工艺。

成品标准

营养丰富，香甜爽滑。

任务实施

一、制作工具

冰柜、电磁炉、不锈钢盆、勺、手刷、布丁杯。

二、制作配方

酸奶布丁的制作配方见表 4-2-3 所列。

表 4-2-3　酸奶布丁制作配方

原料	酸奶	白糖	水	玉米淀粉	黄奶油
质量/g	500	120	170	50	65

三、制作过程

（1）将酸奶、糖、水、黄奶油煮沸（图 4-2-11）。

（2）用水将玉米淀粉充分搅匀，慢慢加入步骤（1）中（图 4-2-12），边加边搅拌至糊状（图 4-2-13）。

（3）将酸奶布丁浆倒入布丁杯中（图 4-2-14），放入冰柜中冷藏至凝固成型，取出装饰即可（图 4-2-15）。

图 4-2-11　煮糖水

图 4-2-12　加淀粉水

图 4-2-13　酸奶布丁浆

图 4-2-14　倒入布丁杯

图 4-2-15　酸奶布丁成品

四、操作关键

（1）玉米淀粉水要慢慢倒入，并且要不断地搅动。

（2）装模要快，否则布丁浆凝固会导致成品表面不光滑。

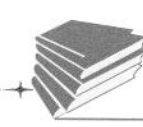

知识链接

布丁是英语 pudding 的音译，中文意译则为“奶冻”，广义来说，它泛指由浆状的材料凝固成固体状的食品，如圣诞布丁、面包布丁、约克郡布丁等，常见制法包括焗、蒸、烤等。狭义来说，布丁是一种半凝固状的冷冻的甜品，主要材料为鸡蛋和奶黄，类似果冻，在英国“布丁”一词可以代指任何甜点。

项目三　慕斯类

项目描述

慕斯是一种冷冻甜点，其使用的凝结原料是动物胶，需置于低温处存放。慕斯的口感兼具冰淇淋、果冻和布丁的特点，细腻、润滑、柔软、入口即化。慕斯以牛奶、动物胶、糖、蛋黄为基本原料，以打发蛋白、打发鲜奶油为主要的填充材料。

学习目标

☆ 学习各种慕斯类点心的制作，包括各种原料及设备的使用，掌握制作过程的操作要点，了解成品的特点。

☆ 能按照工艺流程，完成芒果慕斯、提拉米苏、酸奶慕斯、巧克力歌剧院的制作。

任务一　芒果慕斯

学习目标

☆ 能够复述芒果慕斯的制作过程。

☆ 能按照制作工艺流程，在规定时间内完成芒果慕斯的制作。

☆ 培养学生养成良好的卫生习惯和职业规范。

芒果慕斯是以芒果、慕斯粉蛋糕体等为主要原料，经过加工制作而成的冷冻点心。了解芒果慕斯的产品特点，熟练掌握原料及设备使用、产品的制作工艺，产品制作完成后能够进行品质鉴定分析。本任务介绍芒果慕斯的制作工艺。

成品标准

色泽鲜艳，层次分明，冰凉爽口，香甜适中。

微课　芒果慕斯

任务实施

一、制作工具

打蛋机、烤炉、烤盘、电磁炉、手刷、软胶刮刀、盆、碗、筛子、抹刀、慕斯圈、挤袋、保鲜膜、火枪。

二、制作配方

芒果慕斯的制作配方见表 4－3－1 所列。

表 4－3－1　芒果慕斯制作配方

组成部分	巧克力蛋糕									手指饼干					芒果慕斯馅								芒果淋面						
原料	无盐黄油	细糖	蛋黄	黑巧克力	淡奶油	低筋粉	蛋白	塔塔粉	细糖	蛋白	塔塔粉	细糖	玉米粉	低筋粉	芒果泥	君度酒	奶油芝士	吉利丁片	蛋白	细糖	淡奶油	清水	芒果泥	玉米粉	蛋黄	无盐黄油	柠檬汁	君度酒	细糖
质量/g	330	100	27	330	300	340	530	10	400	170	3	160	110	15	180	10	85	10	90	90	250	适量	40	2	60	65	5	5	70

三、制作过程

1. 制作巧克力蛋糕体

（1）把无盐黄油和细糖打至糖溶化，分次加入蛋黄打至起发。

（2）黑巧克力与淡奶油隔水加热（图 4－3－1）溶化后倒入步骤（1）中拌匀（图 4－3－2）。

（3）蛋白打散后，分次加入细糖、塔塔粉打发（图 4－3－3），与步骤（2）拌匀（图 4－3－4）。

图 4－3－1
溶化巧克力和淡奶油

图 4－3－2
搅拌蛋黄糊

图 4－3－3
打发蛋白糊

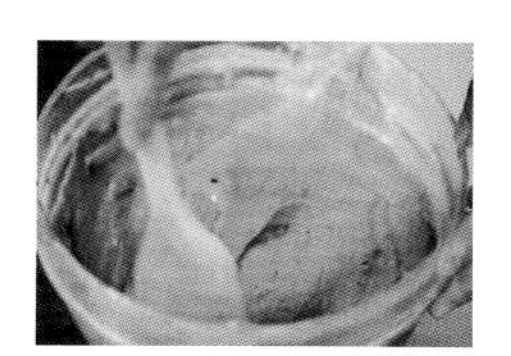
图 4－3－4
搅拌蛋白糊和蛋黄糊

（4）加入过筛的低筋粉拌匀，倒入烤盘抹平，以上火 180℃，下火 150℃，烘烤约 20min，即可取出。

2. 制作手指饼干

（1）先将蛋黄和 65g 细糖混合（图 4－3－5），打至起发，流下来呈重叠状（图 4－3－6）。

（2）把蛋白打散后分次加入细糖 95g 和塔塔粉（图 4－3－7），打至干性起发（图 4－3－8）。

图 4－3－5
混合蛋白和糖

图 4－3－6
抽打成糊状

图 4－3－7
抽打蛋白糊

图 4－3－8
打到干性起发

（3）把过筛的玉米粉和低筋粉加入步骤（1）和（2）中混合均匀（图 4－3－9），挤成圆点形或手指形（图 4－3－10），以上火 180℃，下火 150℃的温度烘烤 12min（图 4－3－11）。

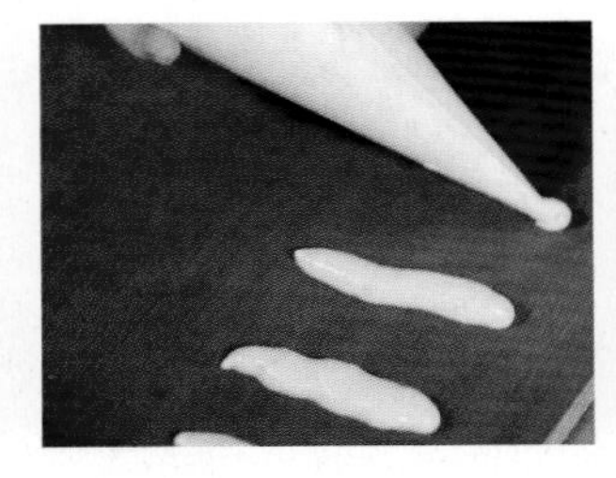

图 4－3－9　混合饼干浆　　图 4－3－10　挤形状　　图 4－3－11　烤好的饼干

3．制作芒果淋面

（1）将奶油、白糖拌匀加入蛋黄拌匀，再加入芒果泥、玉米粉拌匀。

（2）隔水煮至黏稠状（图 4－3－12），再加入柠檬汁和君度酒拌匀即可（图 4－3－13）。

图 4－3－12　黏稠状

图 4－3－13　拌好芒果淋面糊

4．制作芒果慕斯馅

（1）将芒果泥加热至溶化，加入泡软的吉利丁片拌匀（图 4－3－14），加入软化的芝士中拌匀（图 4－3－15）。

（2）白糖加适量的水加热至 120℃（图 4－3－16），倒入打发的蛋白中快速打至光亮（图 4－3－17），并倒入打发的淡奶油中拌匀（图 4－3－18）。

图 4－3－14
加入吉利片

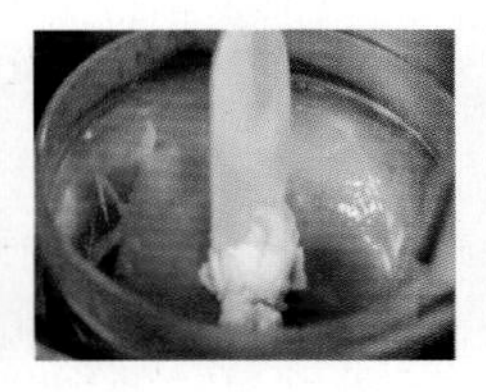

图 4－3－15
加入芝士

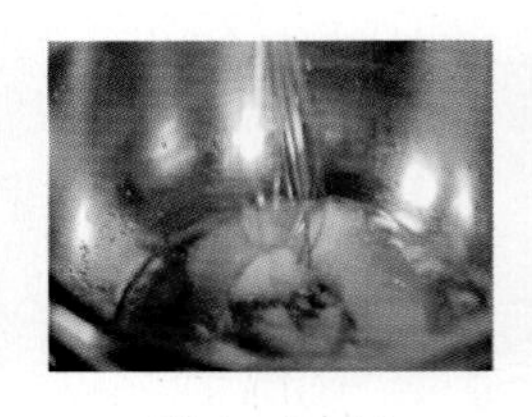

图 4－3－16
加热白糖

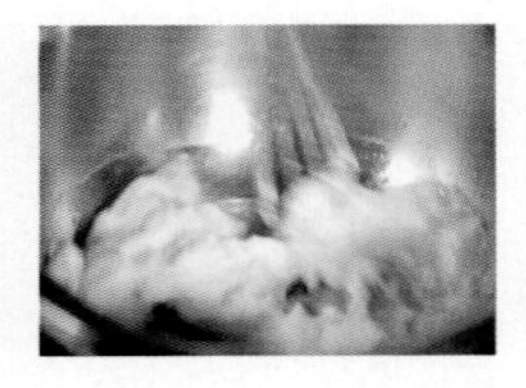

图 4－3－17
加入打发蛋白

（3）将步骤（2）倒入步骤（1）中拌匀，再加入君度酒拌匀。

（4）倒入垫有巧克力蛋糕体的慕斯圈中 1/2，中间放一层手指饼干夹心和芒果粒（图 4－3－19），再倒满芒果慕斯馅（图 4－3－20）。

（5）抹平后冷冻成型，淋上芒果淋面（图 4－3－21），用火枪加热模具边缘，脱模装饰即可（图 4－3－22）。

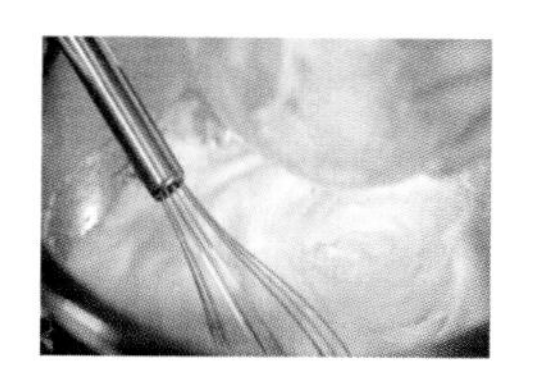

图 4-3-18
加入淡奶油

图 4-3-19
倒入芒果粒

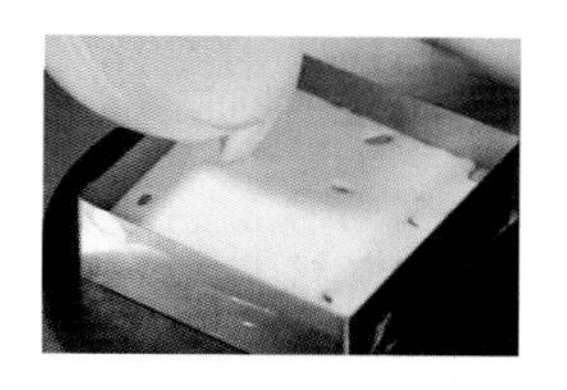

图 4-3-20
倒入芒果慕斯馅（上）

图 4-3-21
淋芒果面

四、操作关键

（1）明胶一定要先泡软，完全溶化。

（2）加入鲜奶油时应将明胶液冷却至35℃左右。

（3）加入明胶要适量，不能过多或过少，否则会影响韧性和稳定性。

（4）掌握好冰冻的时间。

图 4-3-22　芒果慕斯成品

任务二　提拉米苏

学习目标

☆ 能够复述提拉米苏的制作过程。

☆ 能按照制作工艺流程，在规定时间内完成提拉米苏的制作。

☆ 养成良好的卫生习惯和职业规范。

提拉米苏是以马斯卡彭芝士、淡奶油、手指饼干等为主要原料制作的冷冻点心。了解提拉米苏的产品特点，熟练掌握原料及设备使用、产品的制作工艺，产品制作完成后能够进行品质鉴定分析。本任务介绍提拉米苏的制作工艺。

成品标准

色泽自然，造型美观，香甜软滑，冰凉爽口。

任务实施

微课　提拉米苏

一、制作工具

打蛋机、烤炉、烤盘、电磁炉、手刷、软胶刮刀、盆、碗、筛子、抹刀、慕斯圈、挤袋、保鲜膜、火枪。

二、制作配方

提拉米苏的制作配方见表 4-3-2 所列。

表 4-3-2　提拉米苏制作配方

组成部分	慕斯浆								手指饼干				
原料	马斯卡彭芝士	淡奶油	蛋黄	细糖	吉利丁片	特浓咖啡	咖啡酒	可可粉	蛋白	塔塔粉	细糖	玉米粉	低筋粉
质量/g	500	250	60	100	15	130	30	适量	166	3	158	112	11

三、制作过程

1. 制作手指饼干

（1）先将蛋黄和 66g 细糖打至起发，流下来呈重叠状。

（2）把蛋白打散后分次加入细糖 92g 和塔塔粉，打至干性起发。

（3）把玉米粉和低筋粉加入步骤（1）和（2）中混合均匀，挤成手指形，以上火 180℃，下火 150℃烘烤约 12min。

2. 制作提拉米苏

（1）蛋黄加 50g 细糖打至发白（图 4-3-23），加入泡软的吉利丁片，隔水加热至溶化（图 4-3-24），再加入芝士打至软滑（图 4-3-25）。

（2）蛋白与剩余的糖打至干性起发，加入淡奶油打发至六成（图 4-3-26）。

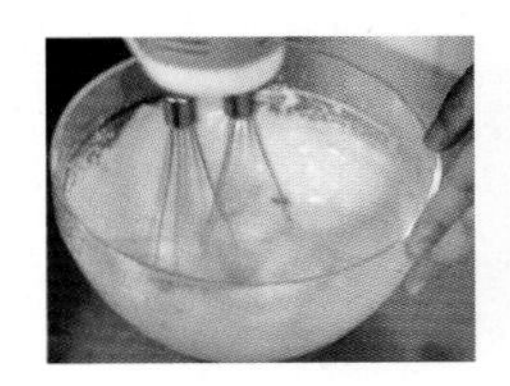

图 4-3-23
打发蛋黄

图 4-3-24
溶化吉利丁

图 4-3-25
加芝士打滑

图 4-3-26
打蛋白糊

（3）步骤（1）与步骤（2）混合均匀（图 4-3-27）。

（4）煮 130g 浓缩咖啡，将手指饼干在咖啡中浸一下取出（图 4-3-38），保持饼干不太湿烂，也不要太干燥，摆入杯底（图 4-3-29），倒入一层芝士糊（图 4-3-30），再放一层饼干（图 4-3-31），再倒入芝士糊，放入冰箱冷藏 4h（图 4-3-32），取出，撒上可可粉即可（图 4-3-33）。

图 4-3-27
混合蛋白蛋黄糊

图 4-3-28
浸手指饼干

图 4-3-29
摆饼干

图 4-3-30
挤芝士糊

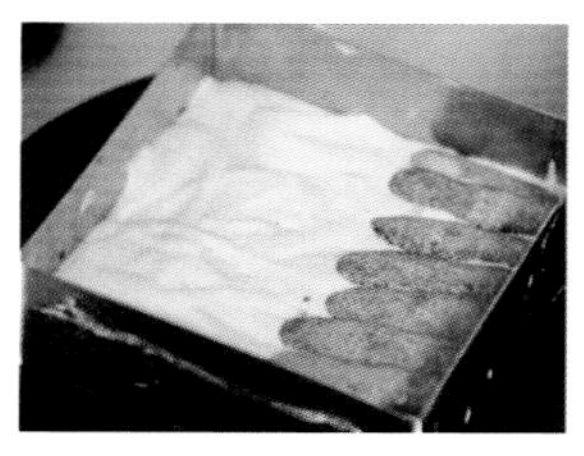

图 4－3－31　再摆手指饼干

图 4－3－32　冷藏

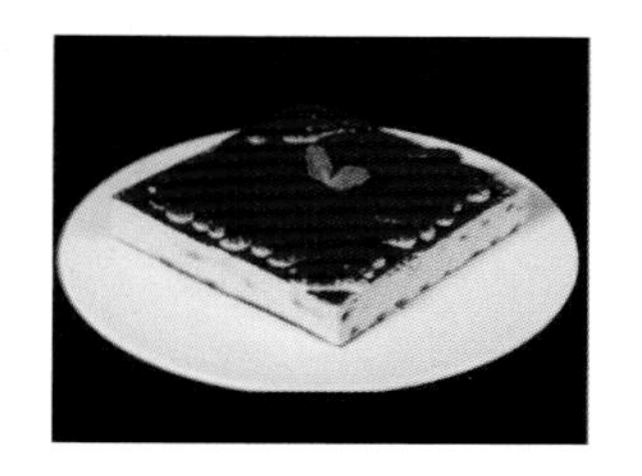

图 4－3－33　提拉米苏成品

四、操作关键

（1）鲜奶油搅打至七成发为宜。

（2）掌握好芝士搅打的程度。

（3）掌握好冷冻的时间。

任务三　酸奶慕斯

学习目标

☆ 能够复述酸奶慕斯的制作过程。

☆ 能按照制作工艺流程，在规定时间内完成酸奶慕斯的制作。

☆ 培养学生养成良好的卫生习惯和职业规范。

酸奶慕斯是以酸奶、牛奶、蛋糕体、慕斯粉等为主要原料经过加工制作的冷冻甜点。本任务学习酸奶慕斯的制作工艺，了解酸奶慕斯的产品特点，熟练掌握原料及设备使用、产品的制作工艺，产品制作完成后能够进行品质鉴定分析。

成品标准

色泽自然，造型美观，香甜软滑，冰凉爽口，营养丰富。

微课　酸奶慕斯

任务实施

一、制作工具

打蛋机、烤炉、烤盘、电磁炉、手刷、软胶刮、盆、碗、筛子、抹刀、慕斯圈、挤袋、保鲜膜、火枪、毛巾。

二、制作配方

酸奶慕斯的制作配方见表 4－3－3 所列。

表 4-3-3 酸奶慕斯制作配方

组成部分	蛋糕体										酸奶慕斯						果冻淋面		
原料	蛋白	细糖	盐	柳橙汁	沙拉油	无盐黄油	低筋粉	泡打粉	香草粉	蛋黄	酸奶	牛奶	淡奶油	细糖	吉利丁片	鲜奶油	白糖	吉利丁片	酸奶
质量/g	330	200	0.5	90	160	45	200	1	0.1	240	200	50	50	15	10	125	10	5	200

三、制作过程

1. 制作蛋糕体

（1）先将 45g 细糖、柳橙汁、沙拉油、无盐奶油拌匀，加入过筛的低筋粉、泡打粉、香草粉拌匀，再加入蛋黄拌匀。

（2）蛋白加盐打发泡后分次加入 155g 细糖，打至中性发泡（图 4-3-34），加入步骤（1）中拌匀（图 4-3-35）。

（3）倒入烤盘，以上火 190℃，下火 170℃烘烤 30min。

2. 制作酸奶慕斯层

（1）将酸奶、牛奶隔水加热，加入白糖拌匀，再加入泡软的吉利丁片拌匀（图 4-3-36）。

图 4-3-34 打发蛋白

图 4-3-35 搅匀蛋糕浆

图 4-3-36 拌匀酸奶浆

（2）将打发的鲜奶油和淡奶油拌匀，加入步骤（1）拌匀（图 4-3-37），倒入铺有蛋糕体的模具中至 1/2 满（图 4-3-38），再铺上一块小模具一圈的蛋糕体，倒入剩余的慕斯（图 4-3-39），放入冰箱冷冻待用。

图 4-3-37 拌匀酸奶慕斯糊

图 4-3-38 倒入酸奶糊（下）

图 4-3-39 倒入酸奶慕斯（上）

3. 制作果冻淋面

(1) 将白糖和酸奶拌匀隔水加热（图 4－3－40），加入泡软的吉利丁片拌匀（图 4－3－41）。

(2) 冷却后倒入已凝固的酸奶慕斯上淋面（图 4－3－42），待凝固后装饰即可（图 4－3－43）。

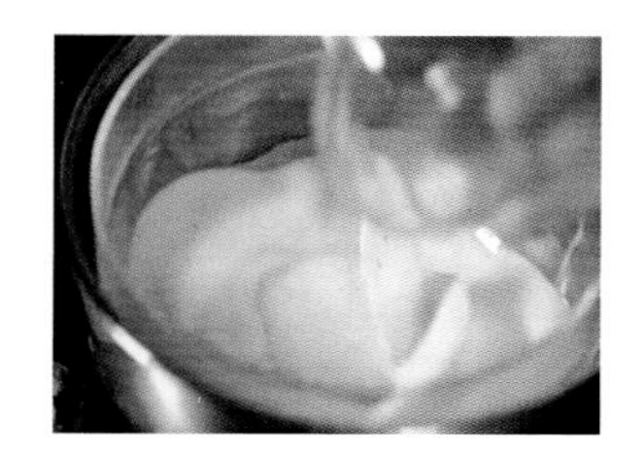
图 4－3－40 加白糖和酸奶

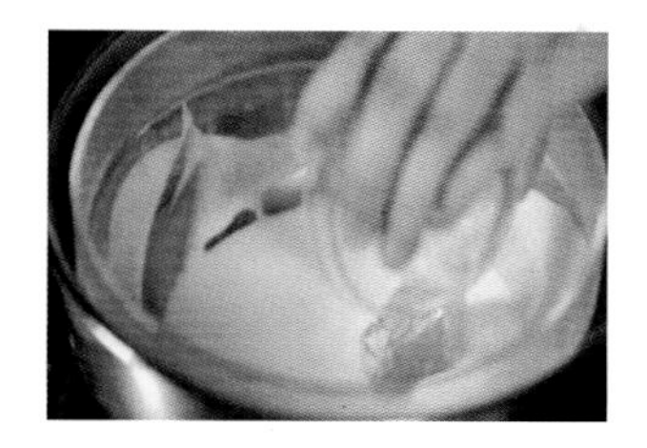
图 4－3－41 加入吉利片

图 4－3－42 淋面

四、操作关键

(1) 鲜奶油搅拌至七成发为宜。

(2) 掌握好芝士溶化程度。

(3) 掌握好冰冻的时间。

图 4－3－43 酸奶慕斯成品

知识链接

慕斯蛋糕最早出现在美食之都法国巴黎，最初人们在奶油中加入起稳定和改善结构作用各种辅料，使之外形、色泽、结构、口味变化丰富，冷冻后食用其味无穷，成为蛋糕中的极品。慕斯蛋糕的出现符合人们追求精致时尚，崇尚自然健康的生活理念，满足了人们不断对蛋糕提出的新要求。慕斯蛋糕也给大师们带来了一个更大的创造空间，大师们通过慕斯蛋糕的制作工艺展示出他们内心的生活悟性和艺术灵感。在世界西点世界杯上，慕斯蛋糕的比赛竞争历来十分激烈，其水准反映了大师们的真正功力和世界蛋糕发展的趋势。

任务四 巧克力歌剧院

学习目标

☆ 正确掌握甘那许、奶油霜、咖啡水的制作方法。

☆ 能按照制作工艺流程，在规定时间内完成巧克力歌剧院的制作。

☆ 培养学生养成良好的卫生习惯和职业规范。

巧克力歌剧院是有着数百年历史的法国知名甜品。传统的巧克力歌剧院共有六层，包括三层浸过咖啡糖浆的杏仁海绵蛋糕、两层咖啡奶油馅和一层巧克力奶油馅，最后还要淋上光可鉴人的镜面巧克力酱，层层堆叠，香气馥郁，入口即化。本任务学习巧克力歌剧院的制作工艺，了解巧克力歌剧院的产品特点，熟练掌握原料及设备使用、产品的制作工艺，产品制作完成后能够进行品质鉴定分析。

成品标准

层次分明，厚薄一致，口感丰富，香气馥郁，具有浓浓的咖啡味。

微课　巧克力歌剧院

任务实施

一、制作工具

烤箱、电动打蛋器、电子秤、橡胶铲、面粉筛、7 寸方形慕斯圈、抹刀、巧克力花薄膜、毛刷等。

二、制作配方

巧克力歌剧院的制作配方见表 4－3－4 所列。

表 4－3－4　巧克力歌剧院制作配方

组成部分	杏仁蛋糕片							甘那许			奶油霜				咖啡水			
投料顺序	A			B	C	D	E	F	G		H	I		J	K	L		M
原料	杏仁粉	糖粉	低筋粉	全蛋	黄油	蛋清	白砂糖	黑巧克力	淡奶油	牛奶	无盐黄油	细砂糖	水	蛋黄	咖啡粉	白砂糖	水	朗姆酒
质量/g	100	100	30	150	20	60	20	40	20	20	100	65	20	20	10	30	60	5

三、制作过程

1. 制作杏仁蛋糕片

(1) 制作全蛋面糊：A 混合过筛，加入 B 混合搅拌（图 4－3－44）到面糊发白（图 4－3－45）。

(2) E 分三次加入 D，打发至提起小尖，分两次加入（1）翻拌（图 4－3－46），将隔热水溶化成液态的 C 倒入（图 4－3－47），混合均匀即可（图 4－3－48）。

图 4－3－44
搅拌全蛋糊

图 4－3－45
拌好的全蛋糊

图 4－3－46
蛋清糊加入全蛋糊中

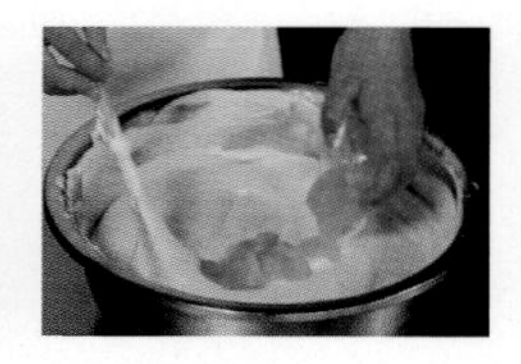

图 4－3－47
加入黄油

(3) 烤制面糊：将面糊倒入烤盘（图 4－3－49）刮平（图 4－3－50），放入上下火均为

180℃的预热烤箱内，烤制10min左右即可。

图4-3-48 蛋糕面糊

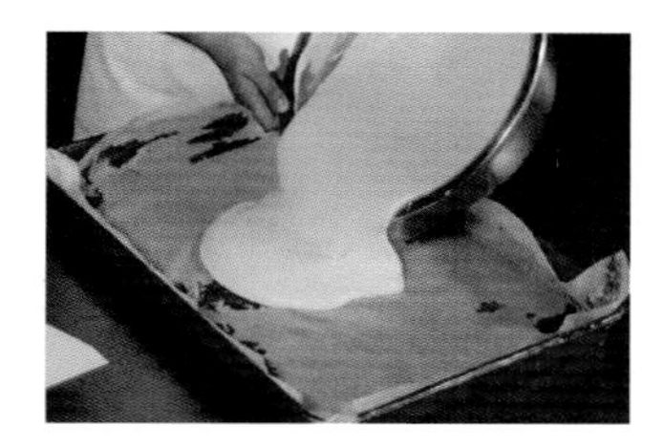

图4-3-49 倒入面糊

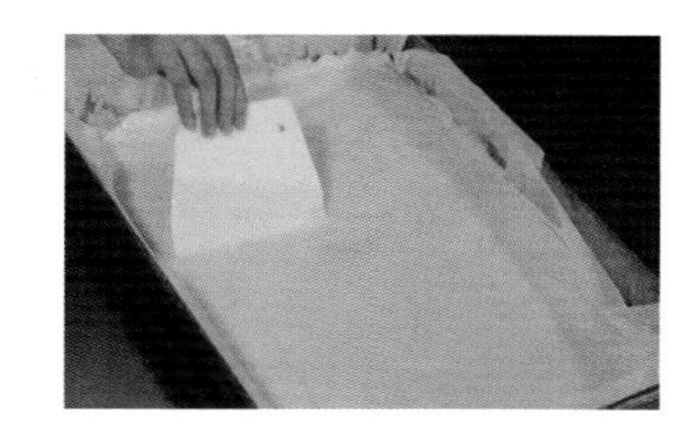

图4-3-50 抹平

2. 制作甘那许

G混合倒入奶锅中，中火加热至微沸（图4-3-51），加入巧克力（图4-3-52），静置约30s搅拌，用手朝同一方向搅拌至其无颗粒、顺滑、发亮即可（图4-3-53），冷却备用。

图4-3-51 加热牛奶

图4-3-52 加入巧克力

图4-3-53 搅拌巧克力牛奶

3. 奶油霜

（1）J打至硬性发泡（图4-3-54），I倒入小锅中中火加热（图4-3-55），温度达到118℃呈细流状时（图4-3-56）倒入打发蛋白中，一直打到蛋白霜发亮、黏稠（图4-3-57）。

图4-3-54 蛋黄打至硬性发泡

图4-3-55 煮糖水

图4-3-56 加入糖水

（2）H室温软化，用打蛋器稍微打至顺滑，呈略微发白状态，分两次将打发的（1）加入（图4-3-58）打发的黄油中混匀即可（图4-3-59）。

图4-3-57 打至黏稠

图4-3-58 加入奶油霜

图4-3-59 拌均匀

4．制作咖啡水

L煮开（图4－3－60），K加少许热水溶化（图4－3－61），将K混入煮开的L中，再倒入M，混合均匀即可。

图4－3－60　煮白糖水

图4－3－61　加入咖啡粉

5．成品

（1）一层杏仁蛋糕片垫底，刷咖啡水（图4－3－62）。

（2）把蛋糕片放入模子中（图4－3－63），涂上巧克力甘那许抹平，放入冰箱冷藏或冷冻至凝固（图4－3－64）。

图4－3－62　刷咖啡水

图4－3－63　放蛋糕片

图4－3－64　涂上巧克力甘那许

（3）放一层杏仁蛋糕片（图4－3－65），刷咖啡水（图4－3－66）。

（4）倒入1/3奶油霜均匀平抹（图4－3－67）。

图4－3－65　放第二层蛋糕片

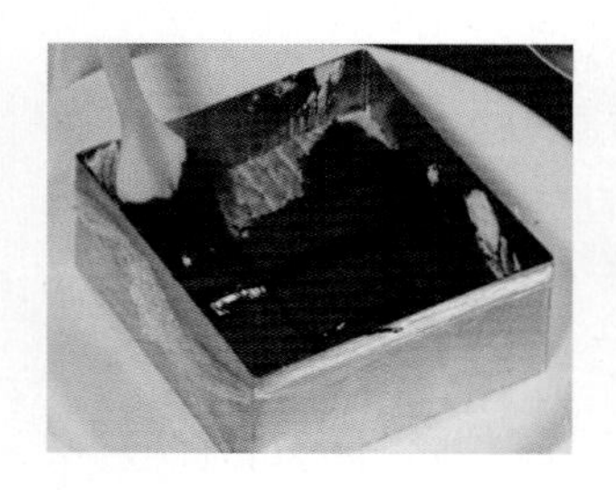

图4－3－66　刷咖啡水

图4－3－67　抹奶油霜

（5）重复两次以上步骤，冰箱冷藏4h（图4－3－68）。

（6）冻好后，将巧克力淋酱倒在蛋糕表面（图4－3－69），抹平（图4－3－70）。

（7）进行表面装饰（图4－3－71）。

图 4－3－68　冷冻

图 4－3－69　淋巧克力酱

图 4－3－70　抹平巧克力酱

五、操作关键

（1）在给蛋糕片刷糖浆时，可以尽可能多刷一些，用手指轻轻按住蛋糕片至有液体溢出为佳。

（2）用刀切出漂亮的切面时，可以在切之前把刀放在炉眼上稍微加热，切的时候要一切到底，不要来回锯。切好后用抹布擦干，再重复之前的操作即可。

（3）每涂抹一层甘那许或者奶油馅，都要放入冰箱中冷藏。

图 4－3－71　巧克力歌剧院成品

模块链接

胶冻类、布丁类、慕斯类都属于冷冻甜品，但他们的制作关键点和特点有所差别，具体见表 4－3－5 所列。

表 4－3－5　冷冻制作的关键点及成品特点

冷冻甜品分类	关键点	特点
胶冻类	把动物胶或植物胶溶于水或牛奶中，再加入其他配料混合均匀，经冷冻后制成的冰冻类西点	晶莹剔透、口感绵软细腻、入口即化、清凉
布丁类	制作布丁时注意水的浓度和温度，还要掌握好冷冻的时间	成型美观、色泽鲜明、口感软滑细腻
慕斯类	慕斯不含面粉，人们通常会在慕斯层两头和底部加垫蛋糕，使之成为慕斯蛋糕	色泽自然，造型美观，香甜软滑，冰凉爽口，营养丰富

模块五　蛋糕装饰

裱花装饰蛋糕不仅是一项技艺较高的技术，更是一门艺术。任何一款裱花装饰蛋糕都离不开裱花师的用心揣摩和精心雕琢，浓浓的情感与强烈的艺术气息经过裱花师的双手融为一体，裱花师以精湛的技艺、丰富的想象力和学识展示了裱花技术所特有的艺术魅力。

蛋糕装饰是一种美化过程，裱花师需要掌握大量各个方面的知识，除了色彩的组合、主体的层次、构图的疏密等美术方面的知识外，还应熟悉原料的特性、奶油涂抹、裱花装饰等工艺。只有全面掌握了这些知识与技能，才能取得较好的效果，而这些知识和技艺要靠平时知识的积累，虚心好学，才能见多识广，多做多练，熟能生巧。

项目一　裱花装饰蛋糕

项目描述

裱花装饰蛋糕是指在蛋糕表面进行装饰的蛋糕，是糕点制作技术和绘画、造型艺术相结合的产物，具有浓郁的芳香、美观的外表、丰富的营养，最能体现西式糕点的风味特点。裱花装饰蛋糕是当今国内畅销的食品之一。

学习目标

☆ 了解裱花装饰蛋糕的形式。

☆ 掌握花式裱花艺术和欧式裱花艺术的特点。

☆ 了解裱花装饰蛋糕的表现手法。

☆ 熟悉和掌握裱花装饰蛋糕的原料、工具并能正确运用。

任务一　裱花装饰蛋糕的形式手法及色彩基础知识

学习目标

☆ 掌握裱花装饰蛋糕的设计形式及表现手法。

☆ 掌握色彩调配的基础知识。

☆ 掌握调色的原则和色彩调和的方法。

☆ 熟记色彩表达的含义和常用的可食用色素。

裱花装饰蛋糕实际上就是对蛋糕进行装饰。蛋糕装饰不但要使蛋糕只有漂亮美观的外表，还要使蛋糕具有一定的内在质量。它包括色泽、口味、香型、形状、营养五大要素。此外，还应具有更重要的内涵，即是“情”字。因为蛋糕是人与人之间传递情感的载体，它应该给传递者之间带来一片温馨、或一段美好的回忆，能充分体现出对人们的美好祝愿。所以，我们在设计制作时能把这个“情”字从蛋糕中体现出来，这才是真正的蛋糕装饰。

一、裱花装饰蛋糕的形式

裱花装饰蛋糕属于烘焙食品，源于欧洲，后传入东方，形成了独具东方特色的裱花艺术形式，称为花式裱花艺术，也称中式裱花蛋糕。西方传统的形式称为欧式裱花艺术，也称欧式蛋糕。

（一）花式裱花艺术

花式裱花蛋糕传入东方后，融入了具有典型东方民俗风格的文化内涵，如花卉（图5-1-1）、生肖动物（图5-1-2）等。裱花非常注重奶油对形体的表现力，把人文趣事、神话、传说、宗教信仰融入其中（图5-1-3），注重色彩意义上的食用价值，它不是一个普通的蛋糕，而是融食品与艺术表现手法为一体的精神食粮。

图5-1-1
花卉裱花蛋糕

图5-1-2
生肖裱花蛋糕

图5-1-3
图腾裱花蛋糕

花式裱花蛋糕可以绘制出世上的花草鸟木，人文风情；世上的各美好爱情、友谊、祝福、纪念亦可用花式裱花的形式描绘、表达。它不仅是具有食用价值，而且具有观赏价值、情感价值，它是我国饮食园中一朵最为魄丽的花朵。因此裱花师想要具有创意能力，就应深入生活，注意收集动物、植物、风景等素材，同时还要加强自身的修养，如绘画艺术等，再结合精湛的技艺，才能制作出独具个性特征、形象优美的蛋糕作品。

（二）欧式裱花艺术

由于裱花蛋糕是短暂的食品艺术形式，在欧洲现代文明的影响下，体现典型西方现代抽象装饰艺术风格特点，注重食品的绿色保健和高品质的材质，装饰简洁大方、庄重典雅、清新悦目。

欧式裱花艺术蛋糕主要采用水果及巧克力配件进行装饰。香浓巧克力搭配具有丰富色彩的水果、果膏、果馅，具有酸甜适中的口味，与富含脂肪的松软蛋糕搭配，可以改善口感，很受消费者的欢迎。特别是情人节、母亲节，典雅华贵的巧克力水果蛋糕尤其受到白领阶层的青睐。图 5－1－4～图 5－1－6 是欧式裱花艺术蛋糕的实物图。

图 5－1－4
欧式白巧克力裱花蛋糕

图 5－1－5
欧式白巧克力水果裱花花蛋糕

图 5－1－6
欧式水果裱花蛋糕

二、裱花装饰蛋糕的表现手法

制作裱花蛋糕有了明确的创作意图，好的素材、色彩、设计形式后，接下来的就是如何表现的问题。一般的表现手法有三种：仿真式、抽象形式、卡通形式。主题不同，客户不同，表现的手法也不同。

（一）仿真形式

仿真形式是指按照某一事物的具体抽象特征进行克隆模仿，如根据花卉、动物、山水、草木的特征模仿裱制。这就要求裱花师必须具有裱花的基本功底，裱花装饰过程实际上就是图案形成过程，裱花图案的构成千姿百态，自然界中的各种景物都可以作为图案构成的素材。图 5－1－7～图 5－1－9 是仿真裱花蛋糕的实物图。

图 5－1－7
山景仿真形式裱花蛋糕

图 5－1－8
国画仿真形式裱花蛋糕

图 5－1－9
寿桃仿真形式裱花蛋糕

（二）抽象形式

抽象形式是指以某些或某一物象的某些具体特征，进行提炼、概括或夸张的手法创造、总结出新的形象理念艺术。创造者要投入很多的时间去观察、思考实践、探索才能为灵感蓄积足够的能量和契机，才能创作出优秀的装饰蛋糕作品来。图 5－1－10、图 5－1－11 是抽象形式裱花蛋糕的实物图，图 5－1－12～图 5－1－14 是卡通形式裱花蛋糕。

图 5－1－10
水墨抽象形式裱花蛋糕

图 5－1－11
田园抽象形式裱花蛋糕

图 5－1－12
卡通形式裱花蛋糕（1）

图 5－1－13
卡通形式裱花蛋糕（2）

图 5－1－14
卡通形式裱花蛋糕（3）

（三）卡通形式

介于前面两者之间，既有明显的仿真特征，又有某些抽象的表达形式。

花式裱花形象生动活泼，可采用仿真的表现手法或卡通的表现手法，内容取决于现实生活中的事或物。欧式裱花简洁、庄重、典雅、朴素、可采用抽象装饰手法，内容取决于生活中的事或物进行总结归纳而产生的理念，赋予更多的想象、提炼和概括。

三、颜色的搭配

色彩是蛋糕中引人注目的因素之一，当一个蛋糕呈现在我们眼前时，最先感知的就是色彩。因此，一款成功的蛋糕，其颜色的搭配及运用是非常关键的，两个鲜艳的色块放在一起会产生强烈的刺激感，两个柔和的色块放在一起会产生和谐的美感。不同的色块组织带来的视觉感受千差万别，掌握色彩搭配的规律，就可以制作出引人注目的裱花装饰蛋糕。

颜色的色调分为冷色调、中色调和暖色调。例如蓝、绿、紫为冷色调，黑、白、灰为中色调，红、橙、黄为暖色调。在制作蛋糕前，要把蛋糕表面的色调选好，蛋糕要送给什么年龄段的人、是男士还是女士、是老人还是儿童，这些都要考虑。如给儿童制作装饰蛋糕，要体现儿童的童真、稚雅，可适当地多用一些明快、艳丽的颜色，使蛋糕画面生动、活泼富有乐趣，以暖色调为主；而给老人送祝寿蛋糕时，应体现老年人稳重老成的风度，故可选用白色巧克力，使蛋糕显得庄重严肃；对于送给情侣的蛋糕，则选用象征纯洁、神圣的白色以及诗意般的粉红色作为主色调，显得清新脱俗、高雅；送老师、同学、朋友的蛋糕，可以冷色调为主，显得更加清秀脱俗，高雅纯洁。

色彩能把情感表达在具体的蛋糕中。裱花师要根据实际需要来合理调整色彩的冷暖搭配，除了对色彩要了解，还应对不同色彩所代表的意义有所了解，以便在蛋糕制作过程中更好的对色彩加以运用。例如，红色象征热情、活泼、温暖、光明、幸福、甜蜜，同时也可以表达美好娇艳的含义；黄色象征豪华、高贵、富丽、光辉，同时有神圣美丽的含义；橙色代表温暖、引人食欲，使人联想到丰富与成熟；绿色是大自然的色彩，体现生命、青春、和平、安宁，在蛋糕装饰中常用于制作叶子、青草；蓝色是海洋与天空的代表色，象征永恒、广阔、安静，常用于表现蓝天、湖水、海面等；紫色代表浪漫优雅；黑色代表刚健、稳重；白色代表纯洁、神圣等。

四、食用色素

食用色素按来源和性质可分为天然色素和食用合成色素。天然色素主要有姜黄素、红曲米、甜菜红等。我国允许使用的食用合成色素有苋菜红、胭脂红、柠檬黄、日落黄、靛蓝五种。

（1）苋菜红：红色的均匀粉末，不臭，0.01％的水溶液呈玫瑰红色，不溶于油脂，耐光、耐热、耐盐、耐酸性良好，对氧化还原作用敏感。

（2）胭脂红：枣红色粉末，无臭，溶于水后呈红色，不溶于油脂，耐光、耐酸性良好，耐热、耐还原、耐细菌性较弱，遇碱后呈褐色。

（3）柠檬黄：橙黄色均匀粉末，无臭，0.1％水溶液呈黄色，不溶于油脂，耐热、耐酸、耐光、耐盐性均好，耐氧化性差，遇碱稍变红，还原时褪色。

（4）日落黄：橙色颗粒或粉末状，无臭，0.1％水溶液呈橙黄色，不溶于油脂，耐光、耐热、耐酸，遇碱呈红褐色，还原时褪色。

（5）靛蓝：呈蓝色均匀粉末状，无臭，0.05％水溶液呈深蓝色，染着力好，不溶于油脂，对光、热、酸、碱、氧化均很敏感，耐盐性、耐细菌性较弱，还原时褪色。

五、色彩的调配

绚丽多姿的色彩千变万化，但都源于红、黄、蓝三种颜色，在色彩学上称其为三原色。

1. 基本色

无法用其他色料（或色光）混合得到的颜色称为原色，原色纯度高、鲜明，是色彩中的基本色。

2. 二次色

通过三原色中两种颜色的调配可得出其他几种颜色，称为间色，也称二次色。例如，红配黄是橙色，红配蓝是紫色，黄配蓝是绿色。

3. 三次色

把原色和间色调和，或者两种间色相加，配出的颜色称为复色，也称三次色。例如，橙色加绿色是橄榄色，绿色加紫色是灰色，紫色加橙色是棕褐色，利用三原色之间不同的用量调配，可调配出无穷的色彩。色彩的调配组合也要遵循一定的规律，符合规律的色彩能给人以和谐美，否则会产生不平衡之感，不能给人以美的享受。图 5－1－15 是色环、色相、明度、对比色的规律图，本图的色彩知识是每位裱花师必掌握的内容。

色彩的运用是裱花师在装饰蛋糕中能力的体现，理想的色彩运用可发挥装饰蛋糕原料所固有的颜色美，如新鲜水果、洁白的奶油与糖、粉、巧克力等。

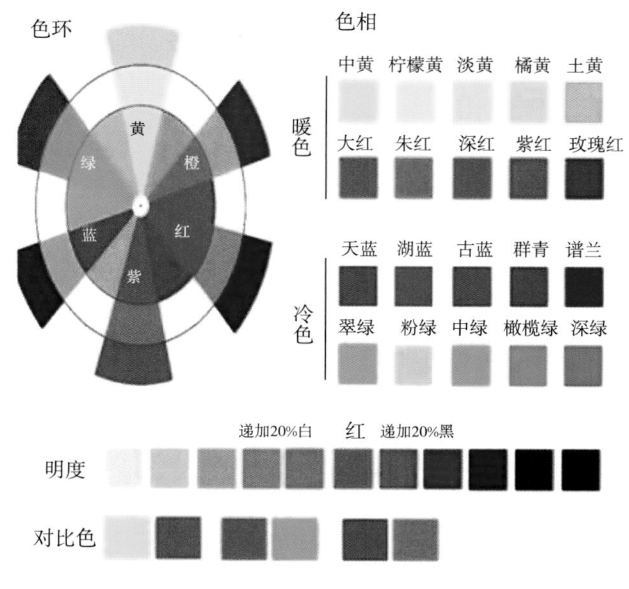

图 5－1－15　色环、色相、对比色集成图

六、基本色的调和原则

红、黄、蓝是三原色，橙、紫、绿是三间色，白色是常用复色，它们之间互相调和，会变化出多种深浅不同的颜色，具体口诀为：

①红加黄变橙；②少黄多红变深橙；③少红多黄变浅黄；④红加蓝变紫；⑤少蓝多红变紫，再加多红变玫瑰红；⑥黄加蓝变绿；⑦少黄多蓝变深蓝；⑧少蓝多黄变浅绿；⑨红加黄加少蓝变棕色；⑩红加黄加蓝变灰黑色；⑪红加蓝变紫，再加白变浅紫；⑫黄加少红变深黄，加白变土黄；⑬黄加蓝变绿，加白变奶绿；⑭红加黄加少蓝加白变浅棕；⑮红加黄加蓝变灰黑色，加多白变浅灰；⑯黄加蓝变绿，加蓝变蓝绿；⑰红加蓝变紫，再加红加白变粉紫红（玫瑰）；⑱红少加白变粉红。

七、调色

调色是每位裱花师必须熟练掌握的知识和技能，常用的调色规律见表 5－1－1 所列和图 5－1－16所示。

表 5-1-1　常见颜色调配规律表

序号	颜色调配规律	序号	颜色调配规律
1	朱红色＋黑色（少量）＝咖啡色	13	蓝色＋白色＝粉蓝
2	天蓝色＋黄色＝草绿、嫩绿	14	黄色＋白色＝米黄
3	天蓝色＋黑色＋紫色＝浅蓝紫	15	玫红色＋黄色＝大红色（朱红、橘黄、滕黄）
4	草绿色＋黑色（少量）＝墨绿	16	纯白色＋柠檬黄＝粉柠檬黄
5	天蓝色＋黑色＝浅灰蓝	17	玫瑰红＋柠檬黄＝藤黄色
6	天蓝色＋草绿色＝蓝绿	18	玫瑰红＋柠檬黄＝橘黄色
7	白色＋红色＋黑色（少量）＝褚石红	19	玫瑰红＋纯黑色＋柠檬黄＝土黄色
8	天蓝色＋黑色（少量）＝墨蓝	20	玫瑰红＋纯黑色＋柠檬黄＝熟褐色
9	白色＋黄色＋黑色＝熟褐	21	玫瑰红＋纯白色＝粉玫瑰红
10	玫红色＋黑色（少量）＝暗红	22	玫瑰红＋纯紫色＝紫红色
11	红色＋黄色＋白色＝小麦色	23	天蓝色＋草绿色＝蓝绿色
12	玫红＋白色＝粉红色		

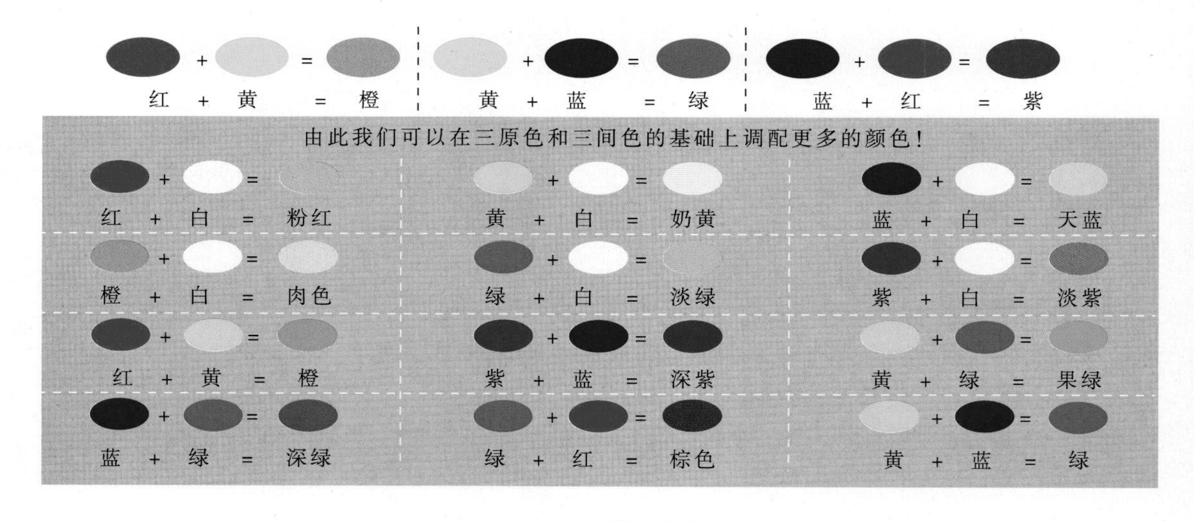

图 5-1-16　调色规律图

在调制材料色彩时，应先以少量慢慢加入，充分搅拌均匀后不足时再加入，切忌一次加入过多的量。有时由于各种颜色材料性质不同，当添加的颜色放置两小时后会逐渐变色，调配时应特别注意。

任务二　裱花装饰原料及工具

学习目标

☆ 认识蛋糕装饰所用的原料。
☆ 了解裱花装饰的常用工具。
☆ 了解奶油及巧克力的特性。
☆ 熟悉掌握工具及原料的使用。

蛋糕裱花的主要原料是鲜奶油，其分为动物性鲜奶油和植物性鲜奶油。鲜奶油的基本配料有水氢化棕榈油、糖、酪朊酸钠、乳化剂、增稠剂、水分保持剂、食用香精、食用盐。另外，裱花还常用到巧克力、喷粉、水果馅、新鲜水果、果膏。

任务实施

一、植物性奶油

鲜奶油是装饰蛋糕最基本也是最重要的材料。鲜奶油由白奶油浓缩提炼而成，油脂含量达27%～38%，入口香甜而不腻，打发后质地较柔软，表面呈现细致的波纹。

1. 鲜奶油的解冻

鲜奶油一般冷冻保存，其解冻方法有如下几种。

（1）冷藏柜解冻：将鲜奶油从冷冻柜取出，放入冷藏柜（2～7℃），打制时最好带有10%的碎冰。

（2）常温解冻法：将奶油从冷冻柜取出后放入一个干净的容器内，在常温下解冻，打制时最好带有10%的碎冰。

（3）凉水解冻法：把鲜奶油从冷冻柜里取出后放入桶或其他容器内，倒入凉水，水需没过鲜奶油的80%，打制时最好含有10%的碎冰。

2. 鲜奶油打发温度

鲜奶油的打发温度和室温有很大的关系，鲜奶油打发时的最佳室温是15～20℃，打发后的奶油温度一般是在13～16℃。鲜奶油的打发温度会直接影响奶油的起发量稳定性和口感等，所以裱花间应安装空调。

3. 鲜奶油的打发方法

（1）打发前将奶油上下摇匀，倒入搅拌桶内，不能低于桶内容量的10%，也不能高于25%。最好采用含10%的碎冰鲜奶油进行打发。

（2）先慢速将冰打化，再中速打发。

（3）鲜奶油状态由稀逐渐变稠，体积也逐渐膨大，导致鲜奶油呈湿性发泡状态（软鸡尾状）。

(4) 再继续打发接近完成阶段时，鲜奶油有明显的可塑性花纹，这时再慢速搅拌以排出空气，停止打发。打发后的奶油体积是原来的3～4倍。

二、巧克力

1. 巧克力的类型

(1) 黑巧克力。黑巧克力为纯巧克力，乳质含量少于12%，可可固性物含量70%～85%。黑巧克力基本制法：巧克力汁＋可可脂＋乳化剂（大豆卵磷脂）＋调味剂＋蔗糖（其他糖也能使用）。

(2) 牛奶巧克力。牛奶巧克力主要由牛奶和可可粉加调味剂制作而成，牛奶巧克力的可可浆低于10%，乳质含量高于12%。牛奶巧克力的制法：浓缩奶＋巧克力汁＋糖＋乳化剂＋调味剂＋可可脂。

(3) 白巧克力。白巧克力是由可可脂糖和牛奶混合制作而成的。所含代可可脂比黑巧克力的可可脂相对要少，白巧克力的价格比黑巧克力便宜。

三者当中以黑巧克力可可脂含量最高，高达75%，因此巧克力味最浓也最苦，白巧克力及牛奶巧克力只含30%～40%的可可脂，因此巧克力味较淡，但因为含奶量相对较高，相对较甜。黑巧克力、白巧克力、牛奶巧克力的可可脂含量与口味的区别见表5-1-2所列。

表5-1-2　黑巧克力、白巧克力、牛奶巧克力的可可脂含量和口味区别

分类	可可油含量	口味
黑巧克力	75%	巧克力味浓而苦
白巧克力	30%～40%	加入奶粉、糖、巧克力味较淡。
牛奶巧克力	30%～40%	含奶粉、糖粉、奶味浓而甜。

2. 巧克力装饰的调温制作过程

巧克力可以用来做表面涂层或倒入模型凝固制成各种装饰小配件。巧克力制作方法不当，会变成看起来既无光泽，入口后也不易熔化的劣质巧克力。巧克力制作的关键在于制作过程中的调温工序，它使巧克力外观看起来光滑，咬起来酥脆，入口熔化。

巧克力倒入模型可以立即凝固，让制作过程变得更容易，而顺利凝固后的巧克力容易脱模。

调制巧克力的工艺方法（双蒸法）：准备一大一小两个容器，大容器内呈低于50℃的温水，小容器盛放切碎的巧克力，将小容器放入大容器的水中，用水传热使巧克力熔化。常用的具体操作方法有两种：一是将要熔化的巧克力切碎全部放入容器中一次性熔化；另一种方法是将切碎的巧克力的2/3先熔化，再放余下的巧克力一起调制。

有时在熔化巧克力时，对于较稠的巧克力或存放过久的巧克力可添加适量油脂，以稀释巧克力或增加巧克力的光泽，使巧克力的颜色更加深更光亮。添加食用油脂的种类要灵活掌

握，如果巧克力中可可脂含量低，硬度不够，应添加可可脂；以巧克力调制时过硬，则应加入适量的植物油。

3. 巧克力的调温过程

巧克力调温可采用大理石调温法，具体为：

①将巧克力切碎，放入容器中加热熔化，倒在大理石案台上采用 Z 字法进行调温至 28℃，如图 5－1－17 所示；②把桌面上调好温度的巧克力装换回盆里，把 28℃的巧克力回温到 32℃，如图 5－1－18 所示；③巧克力调温成功的状态，如图 5－1－19 所示。

图 5－1－17　Z 字法调温

图 5－1－18　隔水加热

图 5－1－19　调至好的巧克力

4. 巧克力装饰工艺注意事项

（1）掌握控制好巧克力熔化温度是巧克力装饰工艺的关键。

（2）熔化巧克力时，如果温度过高，巧克力的油脂容易与可可粉分离，所含糖分会出现结晶，形成细小的颗粒，使熔化的巧克力不亮，并造成制品成型困难。

（3）熔化巧克力的水温过高会使巧克力吸收容器中的水气使巧克力翻砂失去光泽，并伴有白色花斑。

（4）制作巧克力制品时，室内温度在 20℃最为合适，高于或低于此温度都会影响操作的正常进行，温度过高时巧克力易熔化，不利于制品成型。

（5）熔化巧克力的水温不要超过 50℃。

（6）巧克力的模具一定要洁净、干燥，而且表面要用棉毛制品擦亮。

（7）巧克力装膜时要干净利落，边缘整齐。

（8）巧克力制品出模时，一定要等制品完全凝固，并要保持制品的完整。

三、其他常用裱花装饰原料

1. 可食用喷粉

可食用喷粉主要用于奶油蛋糕各种花朵的着色，可分丰富蛋糕产品的颜色。常用的可食用喷粉颜色有粉色、绿色、棕色、大红色、橙色、紫色、黄色、蓝色，如图 5－1－20 所示。使用喷粉时，把瓶身倾斜 45 度，瓶口对准要上色的裱花位置，用手快速轻捏瓶身就可以喷出粉末上色，其手法如图 5－1－21 所示。喷粉使用后的效果，如图 5－1－22 和图 5－1－23 所示。

图 5-1-20
常见可食性喷粉颜色

图 5-1-21
喷粉的使用手法

图 5-1-22
可食用喷粉实物图（1）

图 5-1-23
可食用喷粉实物图（2）

2. 水果馅和新鲜水果

水果馅常用于蛋糕的夹层，有时也用于装饰蛋糕表面，常用的水果馅有菠萝果馅、草莓果馅、芒果果馅、蓝莓果馅、樱桃果馅、蔓越莓果馅、黄桃果馅、柑橘果馅。新鲜水果常用于装饰蛋糕表面，有时也作为蛋糕的中间层使用。用于蛋糕夹心的新鲜水果要软一些，且不会出水的水果，如果夹层出水，会导致蛋糕塌腰变形。

常用于蛋糕装饰的水果有芒果、草莓、蓝莓、火龙果、车厘子、樱桃、圣女果、猕猴桃、葡萄、青提、橙子、黄桃、菠萝、哈密瓜、西柚、无花果等等，其实例图如 5-1-24 至图 5-1-26 所示。蛋糕装饰时，有时也会用到水果干，如图 5-1-27 和图 5-1-28 所示。

图 5-1-24
水果装饰蛋糕（1）

图 5-1-25
水果装饰蛋糕（2）

图 5-1-26
水果装饰蛋糕（3）

图 5-1-27　果干装饰蛋糕（1）

图 5-1-28　果干装饰蛋糕（2）

蛋糕装饰选择水果时，以时令水果为主，要求新鲜、颜色正、价格实惠。新鲜水果一般现切现用，为了防止水果氧化，可以在水果表面刷透明果胶。

3. 果膏和拉线膏

果膏主要用于蛋糕装饰表面，如图 5－1－29 所示，有时也用于写字；拉线膏通常用于蛋糕及巧克力牌的写字，如图 5－1－30 和图 5－1－31 所示。

图 5－1－29
果膏装饰蛋糕

图 5－1－30
巧克力味拉线高实例

图 5－1－31
草莓味拉线膏实例

四、常用工具

蛋糕装饰常用的工具有转台、抹刀、据刀、毛巾、鲜奶机、水果刀、裱花嘴、锯齿刮片、不锈钢印、模具、塑料刮片、裱花棒、喷火枪、裱花袋、巧克力铲刀，过滤网、毛刷等。

知识链接

淡奶油打发注意事项和保存方法

1. 淡奶油打发注意事项

(1) 保持低温有助于打发，奶油盆坐冰水里或绑一个冰袋，盆和打蛋头提前放入冰箱冷藏。

(2) 用中低速打发，防止过度打发，奶油会更加细腻。

(3) 盆建议选窄而高的，避免溅出来，也方便打蛋头深入液体里打发。

(4) 打发时保持搅打方向一致，奶油温度保持在 4～8℃。

2. 让淡奶油更稳定的方法

(1) 用吉利丁片融合。

(2) 提前将吉利丁隔水融化，倒入一点淡奶油搅拌均匀，再将混合物倒入淡奶油中充分搅拌，放入细砂糖后即可开始打发。

(3) 吉利丁：淡奶油＝1：100。

3. 打发淡奶油的各种程度

(1) 慕斯、提拉米苏、冰淇淋打发程度是七成。

(2) 抹面裱花打发程度是八到九成。

4. 淡奶油的储存方法

(1) 对于国内淡奶油，未开封前无须冷藏，常温保存即可。

(2) 进口淡奶油，最好用毛巾包裹一层之后放在冰箱门的一侧，以免被冻伤（冰箱冷藏温度为2～5℃）。放入直冷冰箱中时，不要让奶油贴着冰箱壁，会导致奶油冷冻过度、变渣、油水分离。

(3) 1L的淡奶油在使用时尽量将开口开的越小越有利于长期保存，开口后应保存开口干净且保证开口处密封（开口处用锡纸包紧后用夹子夹紧、或将开口处折好后用保鲜膜包裹牢）低温保存，保存得当可冷藏10～15天左右。

(4) 打发好的奶油保存方法：贴面保存，3～5℃温度下保存3天左右。如果冷藏温度过高，会造成奶油油水分离（乳清会沉底）。如果出现这种情况，可加一点没有打发的奶油进去，慢速打成细腻的状态。保存过程中还要注意奶油包装开口的大小，不要开口太大，用完之后用锡纸密封保存，也可以折叠用保鲜膜裹牢保存。

任务二 裱花装饰蛋糕基本功

学习目标

☆ 了解蛋糕装饰的手法和操作技巧。
☆ 能判定鲜奶油的打发程度。
☆ 掌握直角抹面法、心形抹面法和双层胚抹法。
☆ 掌握花边、花朵和生肖的制作。

裱花装饰技能的形成，主要是由初步掌握裱花的基本方法，到形成熟练的裱花装饰技术。这一技能的获取必须通过基本功的不断训练，裱花装饰基本功主要包括蛋糕抹面、花卉制作、花边制作等。裱花基本功既是学习裱花装饰蛋糕的技术的前提，又是保证制品质量的关键，最能体现制作者的技术水平。要掌握好基本操作技术不是一件容易的事，学习者只有经过不断练习和较长时间探索，才能掌握正确的方法及技巧，直接达到熟练程度。

蛋糕装饰的方法很多，包括奶油装饰、巧克力装饰、翻糖工艺、豆沙等，在该过程中需要运用构图、色彩搭配等技巧，才能完成有审美价值的艺术作品。

抹面是蛋糕装饰的首要工作。利用抹刀涂抹奶油时，无论是蛋糕表面和侧面都应注意厚薄均匀、光滑平整。抹面时，动作不可粗鲁，否则易将蛋糕屑混在奶油中，造成产品无法呈现亮丽整洁的外表，影响美观。

（一）鲜奶油的打发程度

(1) 把鲜奶油倒入鲜奶机里，中速搅拌至表面起泡，如图5-1-32所示。

(2) 一直搅拌至干性起泡，表面纹路密集，如图5-1-33所示。

(3) 用搅拌球拉起来，底部呈鸡尾峰尖状，如图5-1-34所示。

图 5-1-32
搅打鲜奶油

图 5-1-33
干性起泡

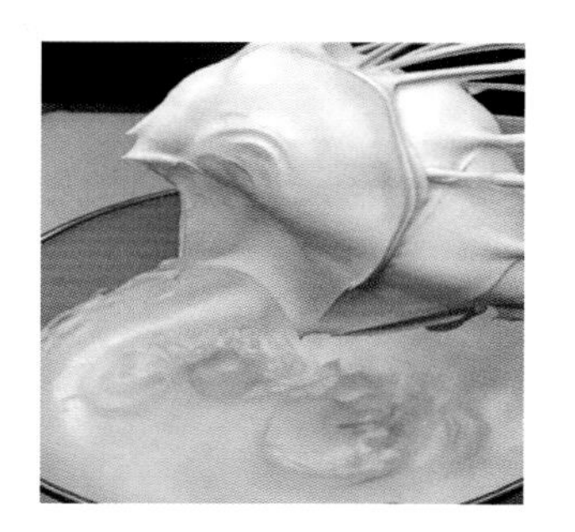

图 5-1-34
鲜奶油峰尖状

（二）蛋糕的抹面、夹心

(1) 将蛋糕坯均匀分成三份，如图 5-1-35 所示。
(2) 在底层蛋糕坯上均匀地抹上鲜奶油，如图 5-1-36 所示。
(3) 将杂果均匀地抹在鲜奶油上，如图 5-1-37 所示。

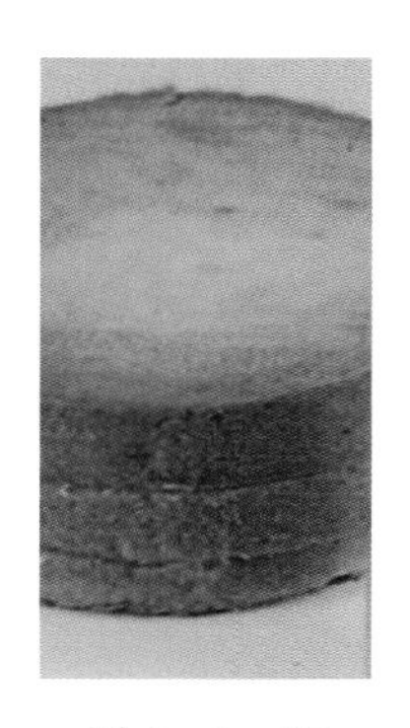

图 5-1-35
切分蛋糕坯

图 5-1-36
底层抹鲜奶油

图 5-1-37
抹平杂果

(4) 在蛋糕底铺上杂果，再抹上鲜奶油，如图 5-1-38 所示。
(5) 依此类推，将鲜奶油铺上蛋糕，如图 5-1-39 所示。
(6) 将鲜奶油均匀地抹在蛋糕上，如图 5-1-40 所示。
(7) 蛋糕表面尽量做到没有粗糙点，光滑平整，如图 5-1-41 所示。

图 5-1-38
再抹鲜奶油

图 5-1-39
顶层放鲜奶油

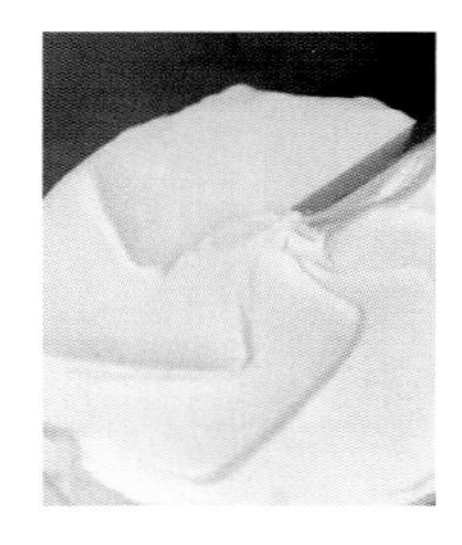

图 5-1-40
顶层抹平

图 5-1-41
光滑平整的蛋糕

（三）直角抹面法

(1) 取适量打发的奶油放在蛋糕杯上，握好抹刀，将刀尖放在奶油中间，如图 5-1-42

所示，左手转动转台，食指轻轻用力，手腕左右动；右手拿抹刀随手腕的力量向左右摆动，边抹边转，用抹刀把表面奶油推至超出蛋糕直径宽，如图 5－1－43 所示。

图 5－1－42　抹顶面

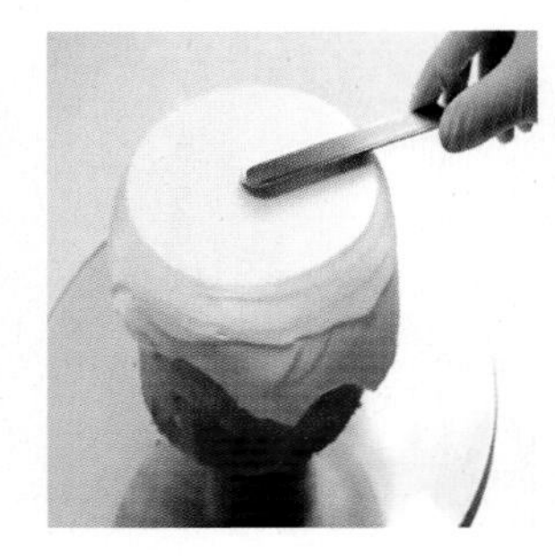

图 5－1－43　顶面抹平

微课　直角抹面

（2）抹侧边时，抹刀放置在蛋糕胚侧边的一半外，如图 5－1－44 所示，转动转台，食指轻轻用力，运用左右运刀的手法涂抹侧面。侧面抹好后，将抹刀放到左手边侧面，轻贴奶油，刀侧 15℃左右，转动转台，将其收平，如图 5－1－45 所示。将抹刀放在蛋糕表面，转动转台，将其收平即可，如图 5－1－46 所示。

图 5－1－44　侧面抹刀放位

图 5－1－45　侧面抹平

图 5－1－46　顶面收平

（四）弧形抹面法

（1）将蛋糕修剪成弧形，并将打发好的鲜奶油放在蛋糕表面中间，如图 5－1－47 所示。左手转动转台，食指轻轻用力，手腕向右转动；右手握抹刀，随手腕的力量，左右动将奶油抹薄，如图 5－1－48 所示。将奶油抹到与蛋糕胚侧面一样大时，转动转台，将抹刀斜放，如图 5－1－49 所示，将奶油抹至侧面的底部。

（2）抹刀垂直于侧面，将奶油抹平，再将边缘多余的奶油抹掉，如图 5－1－50 所示。

图 5－1－47
顶面端放奶油

图 5－1－48
顶面抹薄

图 5－1－49
斜放抹刀

图 5－1－50
抹去多余奶油

（3）将塑料弧形刮片放在表面中心及侧面，左手转动转台，右手不动，将面刮至光滑、细腻，如图 5－1－51 所示，最后右手轻轻拿起刮片。

图 5－1－51　刮至表面光滑

（五）心形胚抹面法

（1）将蛋糕胚修剪成心形，再将打发好的鲜奶油放在蛋糕表面中间，如图 5－1－52 所示。

（2）用抹刀从中间开始抹，抹至表面平滑，如图 5－1－53 所示。

（3）抹侧面时，从心形的后方侧边开始往前抹，至心形的尖部时，用抹刀从尖部再往回轻轻抹一刀，如图 5－1－54 所示。

（4）抹到心形后方时，用抹刀从此处向外再抹一刀，侧面收平时要从后边向尖部的一头收，如图 5－1－55 所示。

（5）将抹刀放在蛋糕表面的边缘部位，食指轻轻用力压下，向前收刀，将其收平，如图 5－1－56 所示。

图 5－1－52　顶面放奶油

图 5－1－53　顶面抹光滑

图 5－1－54　尖部抹法

图 5－1－55　尾尖抹法

图 5－1－56　整体收平

（六）双层胚抹法

（1）将鲜奶油放在 12 寸的蛋糕坯上，用抹刀将表面抹平，再用抹刀将侧面抹平，如图 5－1－57所示。侧边收刀时，快速转动转台，将抹刀快速抬起。

（2）将抹刀放在蛋糕表面，食指轻轻压下，快速转动转台，向前收刀，将其收平，如图 5－1－58 所示。

（3）将 8 寸的蛋糕坯放在 12 寸的蛋糕中间，在 8 寸蛋糕上挤上奶油，如图 5－1－59 所示，用抹刀抹平。

图 5-1-57　抹平侧面

图 5-1-58　收平表面

图 5-1-59　挤奶油

（4）抹侧面时奶油不能太多，用抹刀将边上抹平整，如图 5-1-60 所示。

（5）将上层蛋糕的表面用抹刀收抹平整光滑，如图 5-1-61 所示。

（6）利用陶艺手法，抹刀刮片从上往下收，转动转台将其抹平，如图 5-1-62 所示。

图 5-1-60
二层侧面抹平

图 5-1-61
二层表面抹平

图 5-1-62
刮片收平

（七）字体

在制作蛋糕时，人们都会有一个主题或表达一种情感，这往往需要用一定形式来表达。文字能起到锦上添花的作用。

（1）中文字体“生日快乐”，如 5-1-63 所示。

图 5-1-63　生日快乐

（2）英文字体“Happy birthday”，如图 5-1-64。

图 5-1-64　Happy birthday

（3）常用字词，如图 5－1－65 所示。

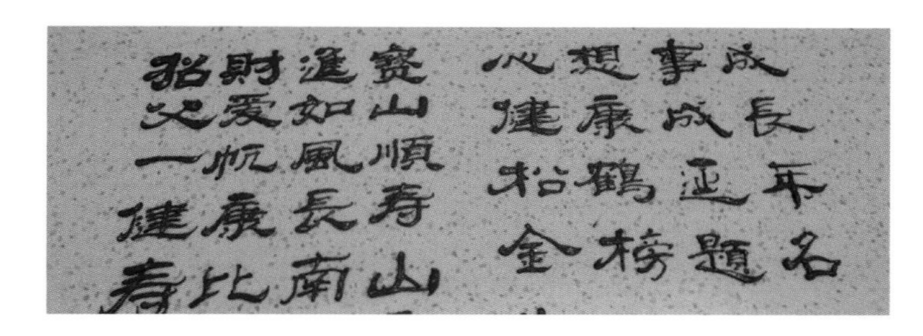

图 5－1－65 蛋糕常用字词

（八）花边的制作

蛋糕的周围装饰也是蛋糕装饰不可忽视的内容，如表面装饰完美，而周边不加装饰，会给人以粗糙的感觉。

1. 贝壳边

贝壳边是最常用的一种花边装饰，一般用在蛋糕底部周边或蛋糕表面。应先熟练基本的贝壳边花式，再练习其他形状。

（1）手拿裱花袋，右手倾斜 45℃，手掌使用压力，将奶油挤出，呈半圆形。

（2）轻轻地呈直线挤出奶油，收尾成尖形。

（3）连续裱贝壳边时要大小一致，并将前一个贝壳的尾端稍稍盖住，不要出现空隙，如图 5－1－66 所示。

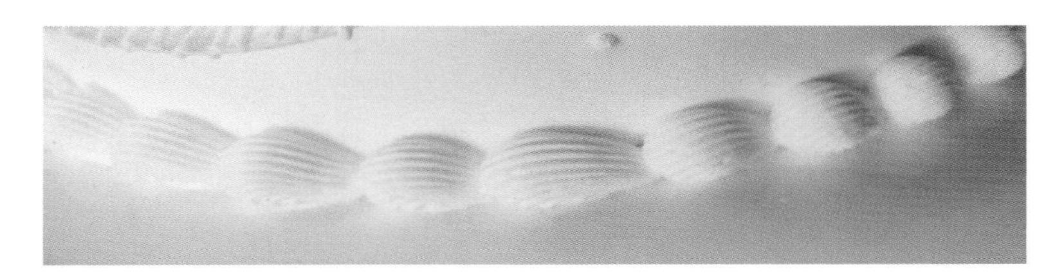

图 5－1－66 裱花壳边展示

2. 裙边

裙边用于蛋糕的侧边，最能烘托出蛋糕华丽的效果。其制作方法是将花嘴平行于蛋糕侧边，转动转台，花嘴挨着蛋糕，轻轻挤出半圆形。每一个半圆形的长短弧度要一致，接口时花嘴要轻轻抬起，如图 5－1－67 所示。

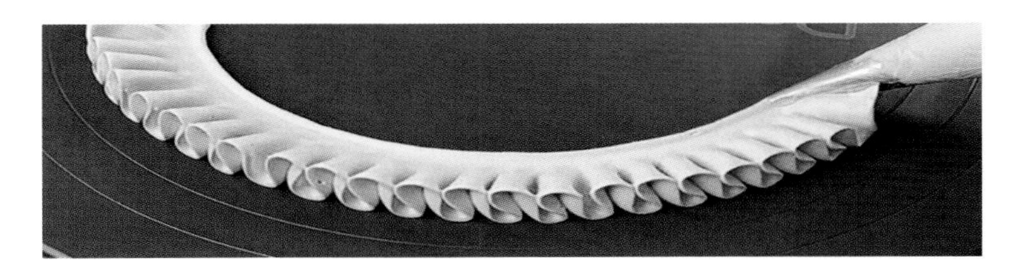

图 5－1－67 裱花裙边展示

3. 波纹边

将玫瑰花嘴与蛋糕底边之间呈 45°，一边转动转台，一边前后都动，手腕用力，均匀地裱出波纹边。接口处将花嘴轻轻抬起一点，再落下，波纹花边如图 5-1-68 所示。

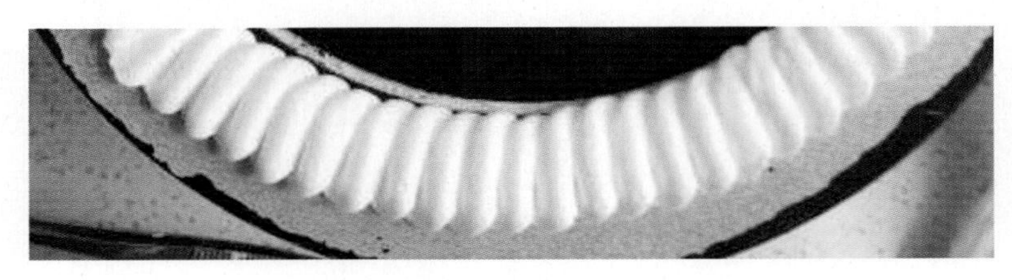

图 5-1-68　裱花波纹边展示

4. 小草边

（1）抹好直角蛋糕坯，花嘴与蛋糕底呈 45°，小草花嘴和蛋糕保持一定距离。

（2）用手腕向外一拔一松，拔几下擦一下花嘴，以免花嘴上奶油过多，影响花边的美感。

（3）接口时要慢一点，不要碰坏第一个小草边，小草花边如图 5-1-69 所示。

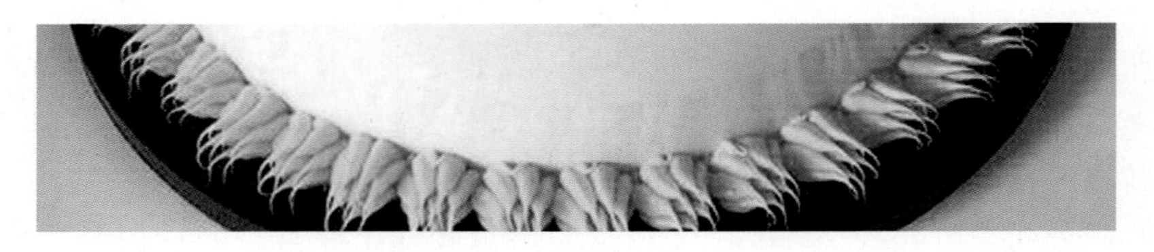

图 5-1-69　裱花小草边展示

5. 掉边

（1）将直角蛋糕抹好，在蛋糕上挤出一个掉边为括号为椭圆。

（2）在括号中间再挤出一个大小一致的括号为椭圆，依此类推。

（3）挤出网状交叉线条，如图 5-1-70 所示。

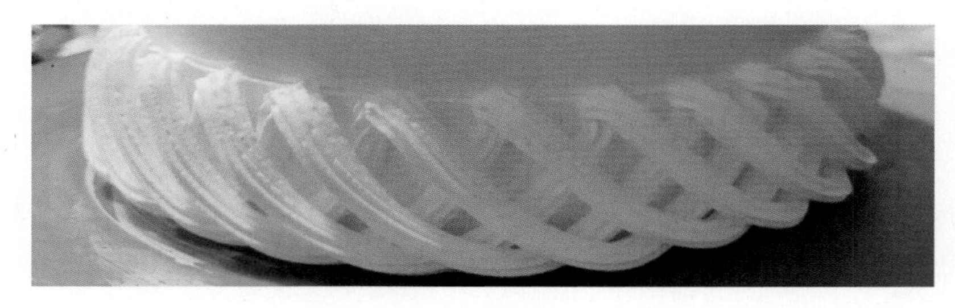

图 5-1-70　裱花掉边展示

（九）常用花朵制作

1. 玫瑰花

微课　玫瑰花挤制

（1）花嘴紧贴裱花棒顶端呈 30°，如图 5-1-71。

（2）左手边转动裱花棒，右手边挤奶油，留下往上再向下一次性包紧花心，如图 5-1-72 所示。

（3）在第一片中间位置转动，裱花棒再挤上奶油，将第一瓣包起来，如图 5－1－73 所示。

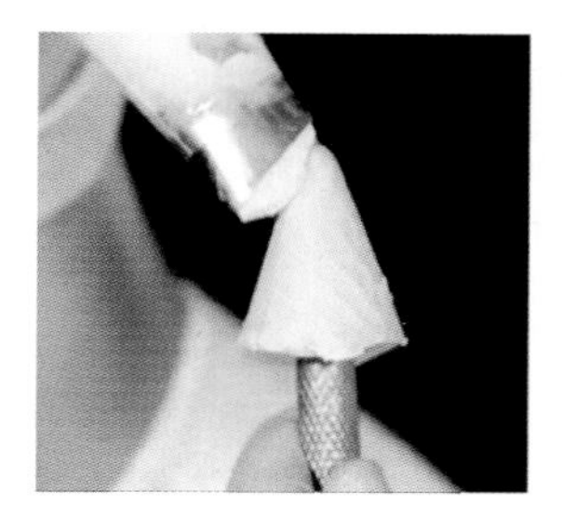

图 5－1－71　花嘴紧贴裱花棒

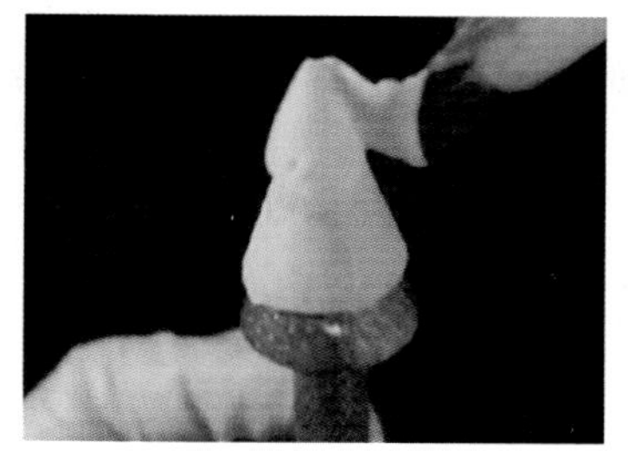

图 5－1－72　裱花心

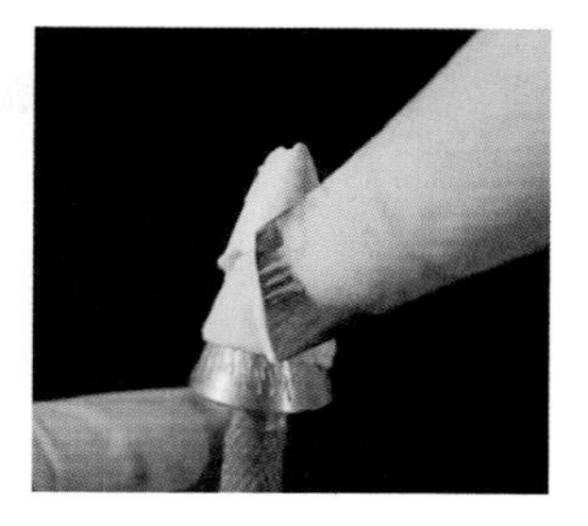

图 5－1－73　裱花叶

（4）接下来的每一步都在前面的 1/2 处起步，如图 5－1－74 所示。

（5）挤到接近七瓣时，将最后一层包圆，如图 5－1－75 所示，可见完整玫瑰花的花瓣有三四层，如图 5－1－76 所示。

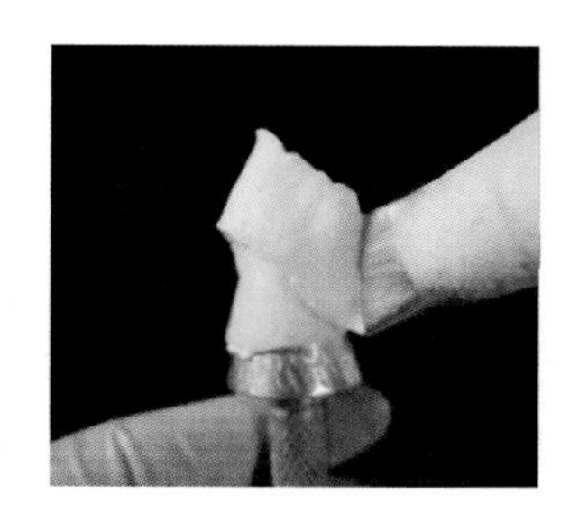

图 5－1－74　裱花叶

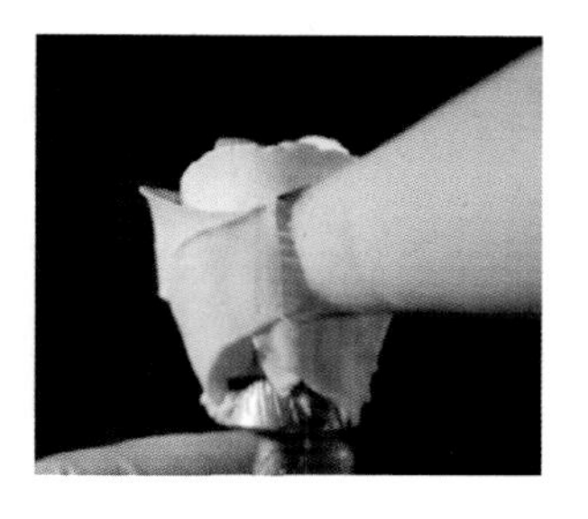

图 5－1－75　裱外层花叶

图 5－1－76　奶油玫瑰花

2. 康乃馨

（1）米托底部涂满奶油，花嘴根部点在米托中间点，如图 5－1－77 所示。

（2）花瓣要自然弯曲，靠花嘴自身的形状快速挤出花瓣，如图 5－1－78 所示。

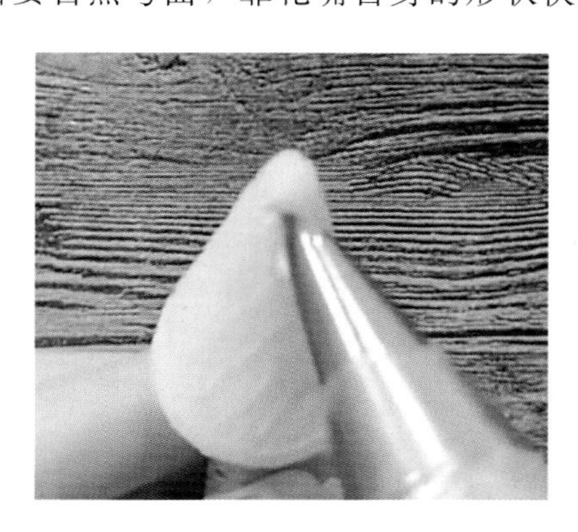

图 5－1－77　花嘴点米托中间

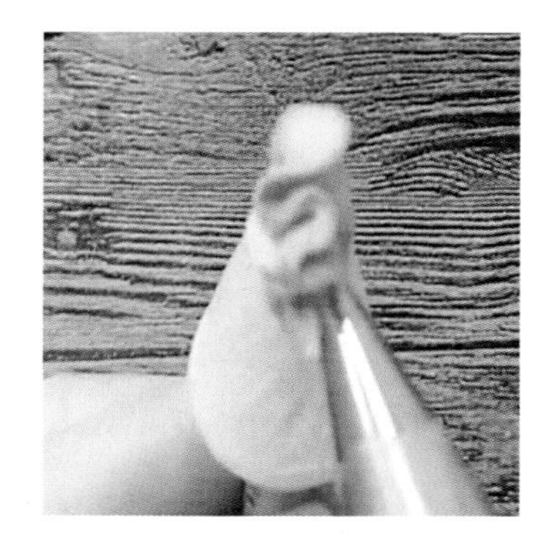

图 5－1－78　挤花瓣（一层）

（3）每一层花瓣在交接处都要有花芯，不要凸起，要保持在一条水平线上，如图 5－1－79所示。

（4）渐渐花瓣向下抖绕，整体幅度突出，如图 5－1－80 所示。成品，如图 5－1－81 所示。

图 5-1-79　挤花瓣（三层）

图 5-1-80　挤花瓣（围边）

图 5-1-81　奶油康乃馨

3. 百合花

（1）用特殊花卉花嘴，单齿向上，由米托嘴深处向外拔出第一层花瓣，如图 5-1-82 所示。依此类推，完成六瓣，如图 5-1-83 所示。

（2）用绿色喷粉点缀花中心，如图 5-1-84 所示。

（3）在花朵中间拔出花蕊，点缀上黑色果膏，如图 5-1-85 所示。成品，如图 5-1-86 所示。

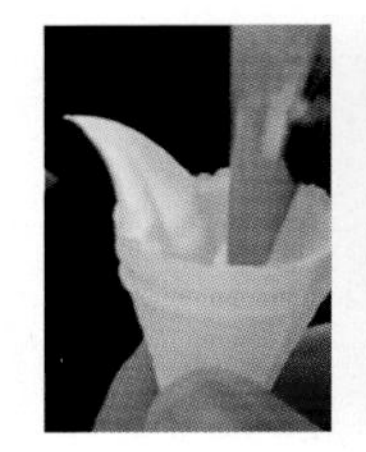

图 5-1-82
拔出第一层花瓣

图 5-1-83
六瓣花瓣

图 5-1-84
点缀花芯

图 5-1-85
点缀花蕊

图 5-1-86
奶油百合花

4. 五瓣花

（1）取出一个米托，用裱花钉在中间挤上平奶油，如图 5-1-87 所示。

（2）用玫瑰花嘴在上方 1/3 处，从左往外推向内收，出第一瓣花瓣，如图 5-1-88 所示。以同样的手法挤出其他四瓣，如图 5-1-89 所示。

（3）挤出花心，拔出立体的花蕊，图 5-1-90 所示。

图 5-1-87
挤奶油

图 5-1-88
挤出第一花瓣

图 5-1-89
完成花瓣

图 5-1-90
拔花蕊

5. 向日葵

向日葵挤制

（1）在米托底端挤上一个小圆球，如图 5-1-91 所示。

（2）在圆球上方挤上交叉黑色果膏，呈网状，如图 5-1-92 所示，或者挤上笑脸。

（3）以小圆球为中心，拔出一圈花瓣，如图 5-1-93 所示。

（4）在第一层的基础上，两半之间拔出第二层花瓣，第二层角度也随之改变 30°，如图 5-1-94 所示。

图 5-1-91
挤出圆球

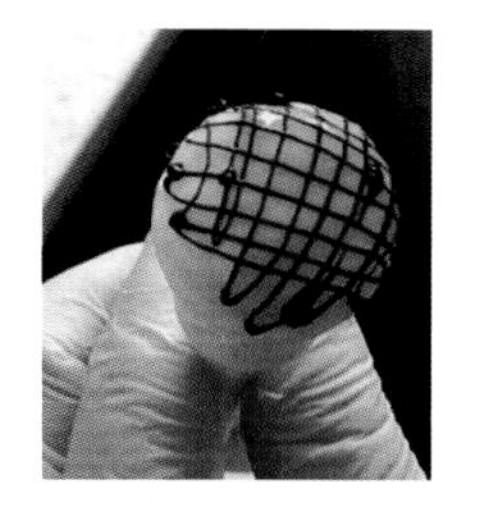

图 5-1-92
花网状花芯

图 5-1-93
挤拔花瓣（内层）

图 5-1-94
挤花瓣（外层）

（十）生肖的制作

1. 兔子

微课　流氓兔制作

（1）用圆形花嘴倾斜在碟子上挤出兔子的身体，如图 5-1-95所示。

（2）身体底下两侧插入花嘴，拔出两条腿，如图 5-1-96 所示。

（3）在身体顶部插入花嘴，挤出头部，如图 5-1-97 所示。

（4）在身体两侧插入花嘴，挤出两条手臂，如图 5-1-98 所示。

（5）在头部顶端用细裱花嘴挤出两个兔子的耳朵，在脸部挤出腮帮子、鼻子、嘴巴、胡须，如图 5-1-99 所示。

（6）用黑色拉线膏描绘出五官，如图 5-1-100 所示。

（7）用红色果酱填充耳朵和嘴巴，如图 5-1-101 所示。

图 5-1-95
挤出身体

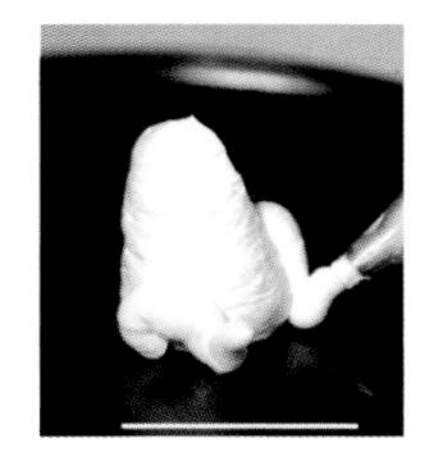

图 5-1-96
挤拔出腿

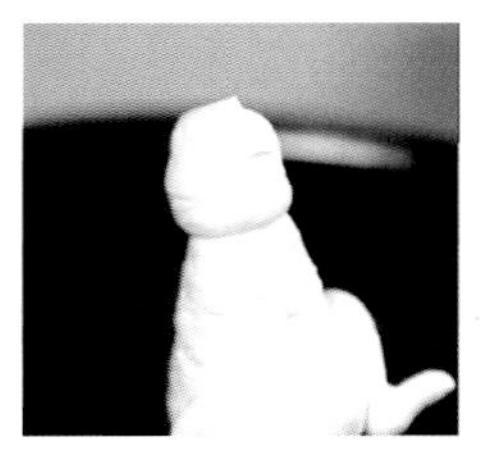

图 5-1-97
挤出头部

图 5-1-98
挤出手臂

图 5-1-99
挤出五官

图 5-1-100
描绘五官

图 5-1-101
填充耳朵和嘴巴

2. 老鼠

(1) 挤出老鼠的身体，如图 5-1-102 所示。

(2) 挤出左右腿和尾巴，如图 5-1-103 和图 5-1-104 所示。

(3) 在胸前端两侧挤出两条前腿，如图 5-1-105 所示。

(4) 在身体顶部挤出老鼠的头，如图 5-1-106 所示。

(5) 挤出五官，小裱花袋直接剪口，反复画出老鼠的耳朵，如图 5-1-107 所示。

(6) 画出老鼠的胡须，用巧克力果膏勾勒出老鼠的耳朵、眼睛及脚趾，如图 5-1-108 所示。

(7) 挤出老鼠的胡须，如图 5-1-109 所示。

图 5-1-102
挤出身体

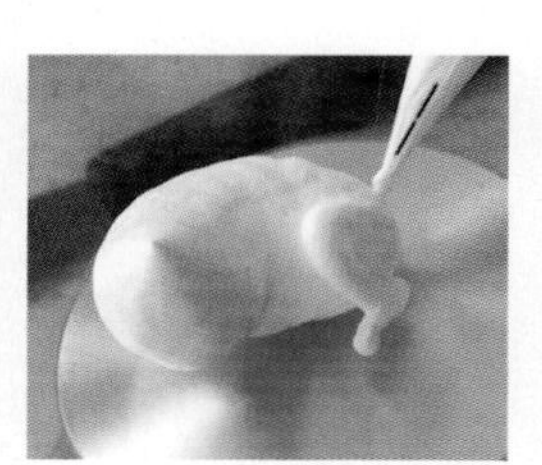
图 5-1-103
挤出后腿

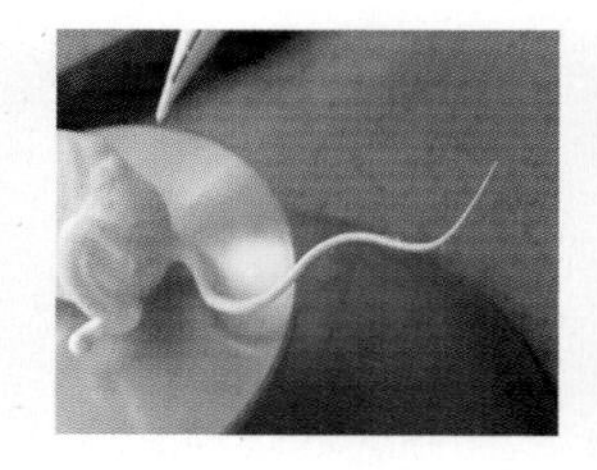
图 5-1-104
挤出尾巴

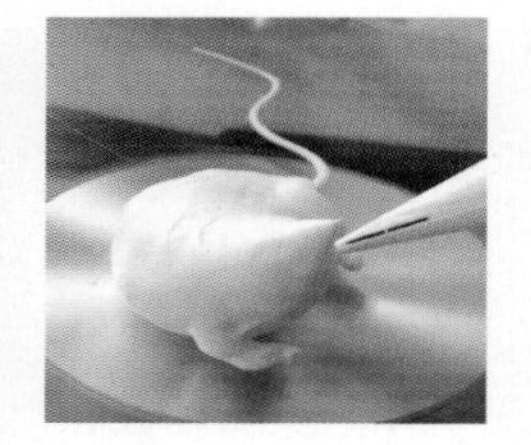
图 5-1-105
挤出前腿

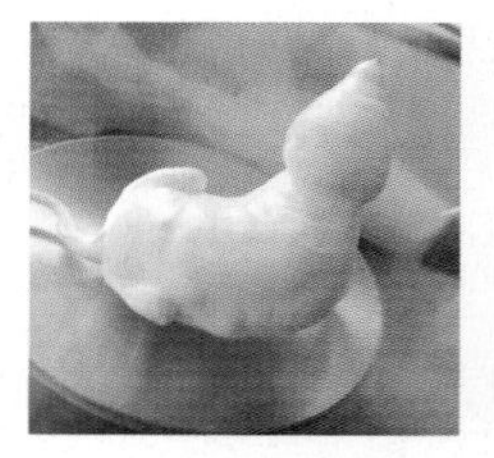
图 5-1-106
挤出头

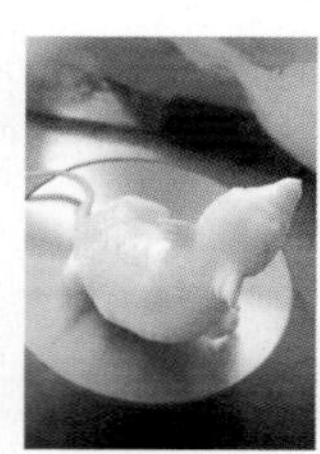
图 5-1-107
画出耳朵

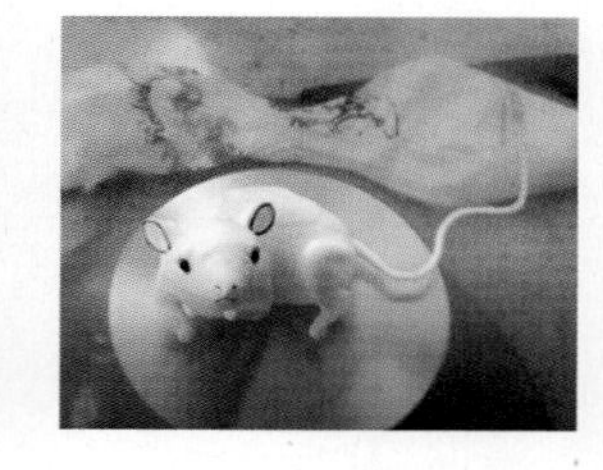
图 5-1-108
勾勒耳朵和眼睛

图 5-1-109
挤出胡须

3. 牛

(1) 圆形花嘴倾斜在转台上，挤出牛的身体，如图 5-1-110 所示。

(2) 将花嘴从身体臀部侧面插入，挤出两条大腿，如图 5-1-111 所示。

(3) 从臀部后面插入花嘴，挤出尾巴；圆嘴倾斜插入身体，带出牛的头部，如图 5-1-112所示。

（4）在牛头上挤出眼睛、鼻子和耳朵，在耳朵上方挤出牛角，如图 5－1－113 所示。

（5）在胸前两端分别挤出两条手，如图 5－1－114 所示，用黑色巧克力果膏裱出五官和印子，如图 5－1－115 所示。

图 5－1－110 挤出身体　图 5－1－111 挤出大腿　图 5－1－112 挤带头部

图 5－1－113 挤出耳朵　图 5－1－114 挤出手　图 5－1－115 裱出五官

4. 龙

（1）用圆形花嘴先画出龙的形状，用圆形花嘴挤出龙的头部，如图 5－1－116 所示。

（2）用齿形裱花嘴抖挤出龙的身体，如图 5－1－117 和图 5－1－118 所示。

（3）挤出龙爪，如图 5－1－119 所示，美化头部，点缀眼睛，如图 5－1－120 所示。

（4）龙头插上巧克力作为龙角，用小口裱花袋挤出龙的唇边，如图 5－1－121 所示。

（5）用裱花袋挤出龙须，拔出尾巴须和身体的须，用圆形裱花嘴挤出云，成品如图 5－1－122所示。

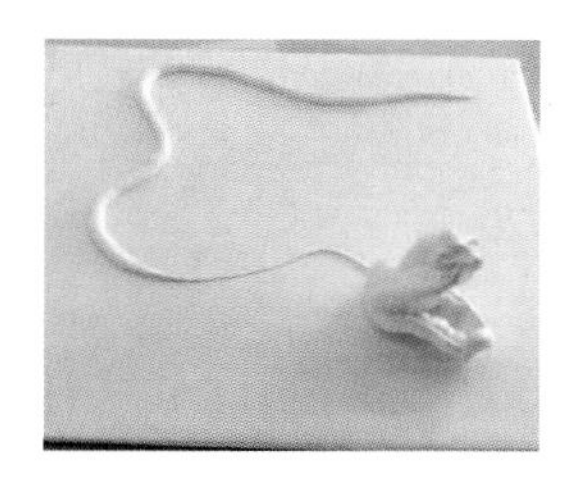

图 5－1－116
挤出龙头

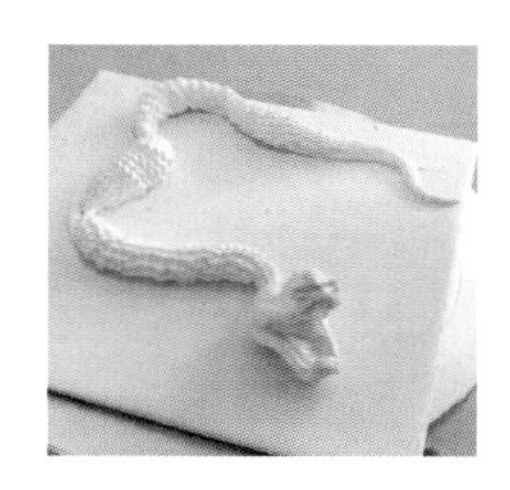

图 5－1－117
挤出龙身

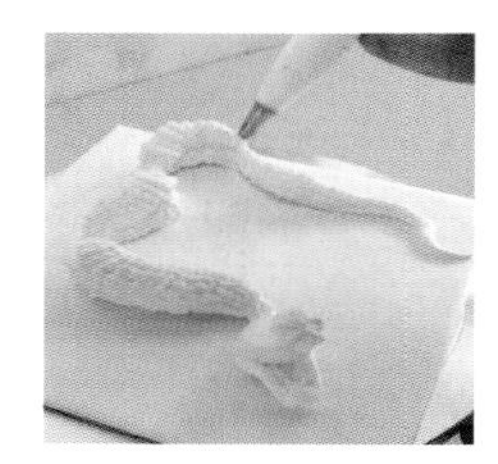

图 5－1－118
完善龙身

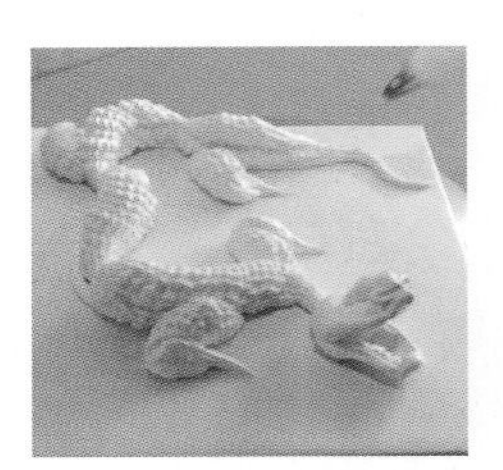
图 5-1-119
挤出龙爪

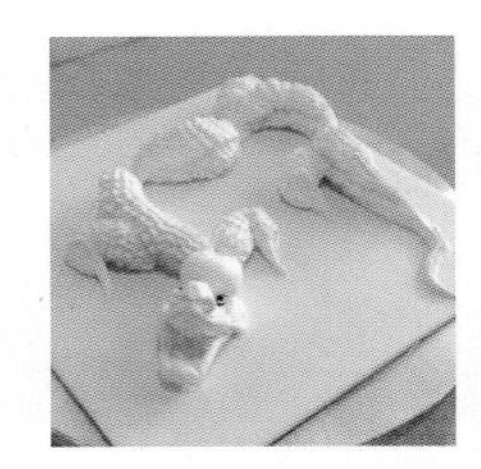
图 5-1-120
点缀龙眼

图 5-1-121
挤出唇边

图 5-1-122
奶油龙

5. 蛇

(1) 用圆形花嘴挤出蛇的身体及头部，如图 5-1-123 所示。

(2) 用白色奶油裱花嘴在头部挑出眼眶，在头部挑出嘴巴，如图 5-1-124 所示。

(3) 用黑色巧克力果膏描绘出五官，并用红色奶油在嘴巴处做成蛇信子，如图 5-1-125 所示。

图 5-1-123 挤出蛇身蛇头

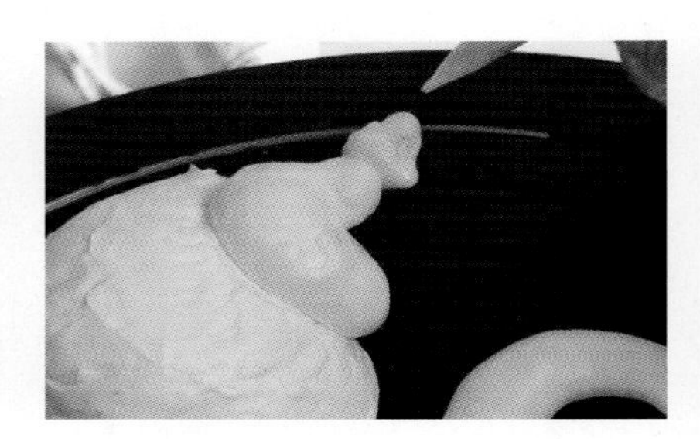
图 5-1-124 挑出嘴巴

图 5-1-125 点制蛇信

6. 马

(1) 花嘴倾斜，在碟子上挤出马的身体，如图 5-1-126 所示。

(2) 在前胸两侧前方由粗到细分别挤出左右前腿，在臀部左侧向上、向后拉出后腿，如图 5-1-127 所示。

(3) 在臀部挤出马尾，如图 5-1-128 所示。

图 5-1-126 挤出马身

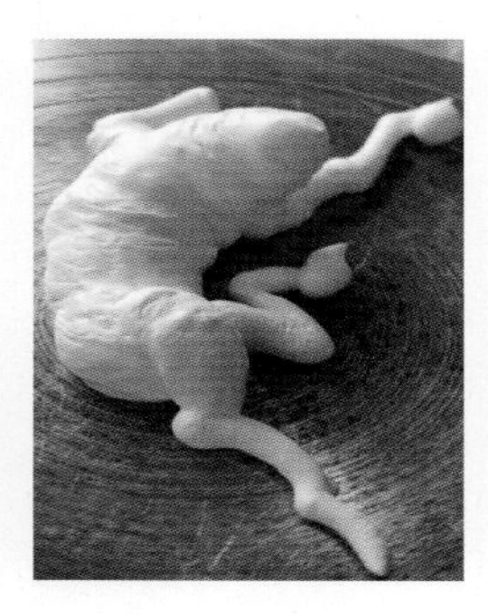
图 5-1-127 挤出马腿

图 5-1-128 挤出马尾

(4) 圆锥花嘴倾斜插入前胸，带出马的颈部，继续拉伸出头，勾勒出五官形状，如图 5-1-129所示。

（5）做出一对柳叶形耳朵，用奶油在马的头部拔出鬃毛，如图 5－1－130 所示。

（6）用黑色巧克力描绘出五官，如图 5－1－131 所示。

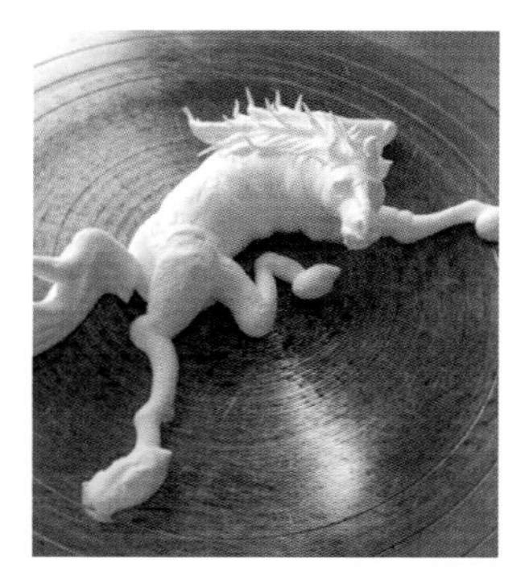

图 5－1－129　勾勒五官　　图 5－1－130　拔出鬃毛　　图 5－1－131　描绘五官

7. 羊

（1）用圆形花嘴挤出羊的身体，如图 5－1－132 所示，在身体上用裱花袋挤出丝，如图 5－1－133所示。

（2）在身体两侧挤出羊腿和尾巴，如图 5－1－134 所示。

图 5－1－132　挤出身体　　图 5－1－133　挤出丝　　图 5－1－134　挤出羊腿

（3）在羊身体上方挤出头部，如图 5－1－135 所示。

（4）挤出羊的耳朵、面部表情及羊角，如图 5－1－136 所示。

（5）用巧克力果膏挤出面部的五官及脚趾，用红色果膏挤出舌头，用粉色喷粉喷出腮红，如图 5－1－137 所示。

图 5－1－135　挤出羊头　　图 5－1－136　整理羊角　　图 5－1－137　喷腮红

8. 猴子

（1）花嘴倾斜，在碟子上挤出猴子的身体，如图 5－1－138 所示。

（2）将花嘴从身体臀部左侧插入，向前挤出大腿，如图 5－1－139 所示。

（3）在身体臀部挤出一条尾巴，如图 5－1－140 所示。

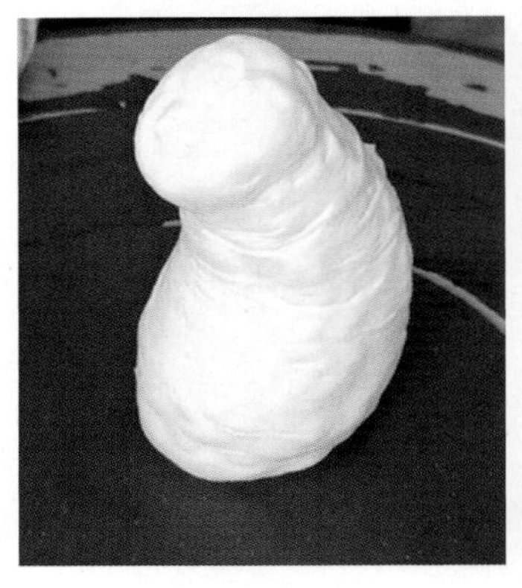

图 5－1－138　挤出猴身

图 5－1－139　挤出大腿

图 5－1－140　挤出尾巴

（4）将花嘴插入猴子头部，挤出脸部和鼻子，如图 5－1－141 所示。

（5）用白色奶油细裱花嘴挤出猴子的眼睛及耳朵，再用黑巧克力描绘出五官，如图 5－1－142所示。

（6）挤出猴子的手和蟠桃，用粉色喷粉喷在面部，成品如图 5－1－143 所示。

图 5－1－141　挤出脸部

图 5－1－142　描绘五官

图 5－1－143　奶油猴子

9. 鸡

（1）用圆形花嘴挤出鸡的身体，同时拉尖鸡尾巴，如图 5－1－144 所示。

（2）在鸡身两边挤出鸡的翅膀，用黄色奶油挤出鸡的脖子毛发，如图 5－1－145 所示。

（3）换成小裱花袋直接剪开，用红色奶油拉出鸡冠，用灰黑色奶油拔出鸡的尾巴，再挤出鸡的嘴巴，如图 5－1－146 所示。

（4）用灰黑色奶油挤出鸡的翅膀及鸡爪，点缀眼睛。成品如图 5－1－147 所示。

图 5-1-144
拉鸡尾巴

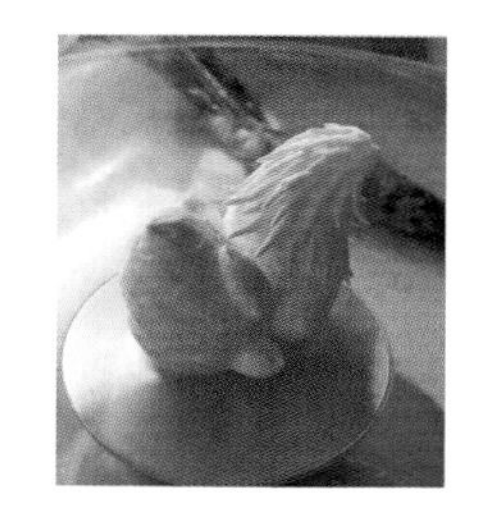
图 5-1-145
挤出脖子毛发

图 5-1-146
拉鸡冠和鸡尾巴

图 5-1-147
奶油公鸡

10. 狗

（1）用圆花嘴挤出狗的身体，如图 5-1-148 所示。

（2）在狗的身体上挤出腿和尾巴，如图 5-1-149 所示。

（3）在头部一端挤出狗的耳朵，在面部挤出稍高一些的奶油，作为脸颊和眉毛，继续挤出凸起或凹陷作为鼻子和嘴巴，如图 5-1-150 所示。

（4）用巧克力果膏勾勒耳朵边缘、眼睛、鼻子、嘴巴及脚趾，成品如图 5-1-151 所示。

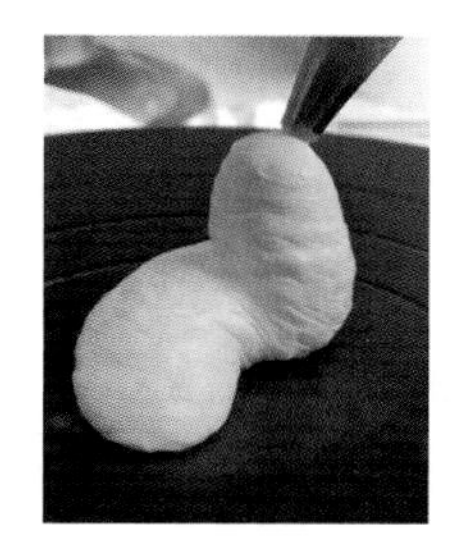
图 5-1-148
挤出狗身

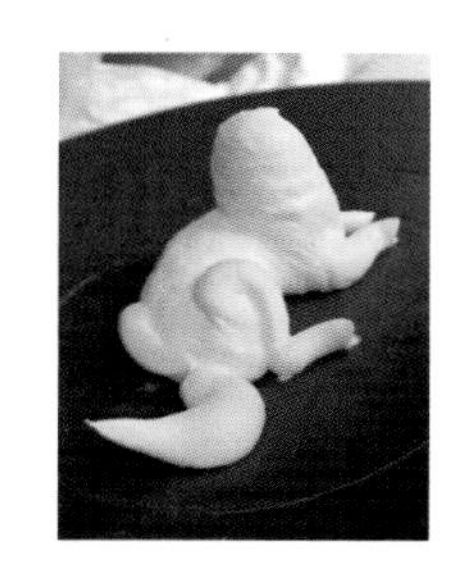
图 5-1-149
挤出狗尾

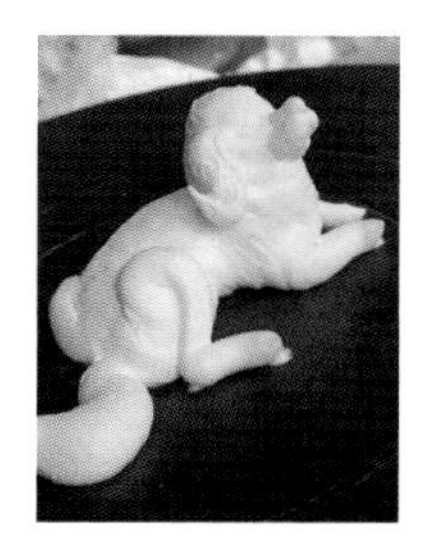
图 5-1-150
挤出五官

图 5-1-151
奶油狗

11. 生肖猪

生肖猪的挤制与生肖猴的制作过程大致相同，具体请扫描下方二维码学习。

微课　生肖猪制作

项目二　蛋糕装饰

项目描述

巧克力和新鲜水果是蛋糕装饰的常用原料。巧克力易熔化，可以塑造各种不同的形状，以丰富蛋糕的装饰工艺。水果装饰蛋糕，不仅可以丰富蛋糕的色彩，还可以调节蛋糕的口味，增加蛋糕的营养价值。组成蛋糕装饰品的各物体之间，讲究尺寸合理，色彩搭配和谐，与蛋糕主体融为一体。

学习目标

☆ 了解巧克力的性能及调制温度、方法。
☆ 熟悉掌握巧克力配件的制作方法。
☆ 掌握水果装饰的加工方法。
☆ 掌握蛋糕的表面装饰。

任务一　巧克力装饰配件制作

学习目标

☆ 掌握巧克力配件制作的原理。
☆ 掌握巧克力的高温技能。
☆ 能自己制作巧克力棒、巧克力弹簧。
☆ 会制作扇形巧克力和线条形巧克力。

任务实施

微课　巧克力装饰制作

一、线条巧克力

先在玻璃纸下面沾上水，抹平，如图 5-2-1 所示。把熔化好的巧克力装入裱花袋中。画上想要的线条，巧克力凝固后即可使用，如图 5-2-2 所示。

图 5-2-1　玻璃纸

图 5-2-2　巧克力线条图

二、用巧克力转印纸制作配件

巧克力转印纸是一种油性材料，其图案有很多种。巧克力转印纸的使用方法如下。

（1）将转印纸反面朝上，平铺在大理石表面，如图 5-2-3 所示。

（2）将巧克力均匀地挤平在转印纸表面，如图 5-2-4 所示。巧克力略微凝固后，用压膜在表面压出纹路，放入冷冻柜，冷冻 3min。

（3）脱模时将转印纸往外揭开即可，成品如图 5-2-5 所示。

图 5-2-3　铺转印纸

图 5-2-4　挤巧克力

图 5-2-5　揭开转印纸

三、巧克力扇形

(1) 巧克力抹在大理石板上，反复抹干，如图 5-2-6 所示。

图 5-2-6　涂抹巧克力

(2) 将多余的巧克力用铲刀去除，如图 5-2-7 所示。

(3) 用左手食指压住铲刀，把铲刀放在要铲的巧克力三分之一处，如图 5-2-8 所示。右手将铲刀与大理石面呈 35°，用力铲出大小不同的巧克力扇，如图 5-2-9 所示。

图 5-2-7　去除多余巧克力

图 5-2-8　铲刀位置

图 5-2-9　巧克力扇

四、巧克力棒

(1) 巧克力抹在大理石板上，反复抹干，用特殊刮板在巧克力上刮出纹路，如图 5-2-10所示，将多余巧克力用铲刀去除。在刮出纹路的黑巧克力上淋上一层白色巧克力，反复抹干，涂薄，如图 5-2-11 所示。

(2) 将多余巧克力用铲刀去除，如图 5-2-12 所示。

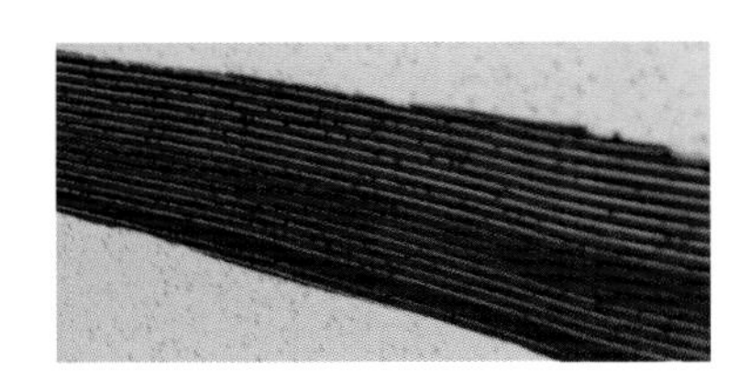
图 5-2-10
巧克力纹路

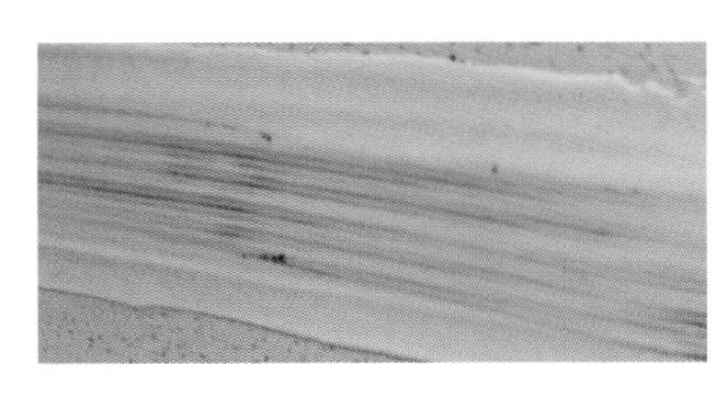
图 5-2-11
抹白巧克力

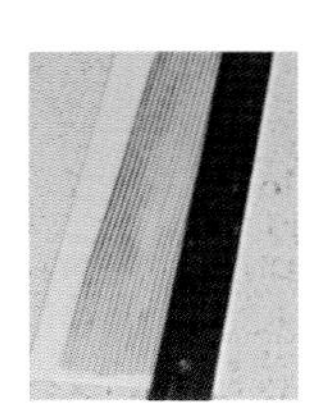
图 5-2-12
去除多余巧克力

（3）将铲刀与巧克力面呈35°，宽度约2cm，用刀铲出，如图5－2－13所示，成品如图5－2－14所示。

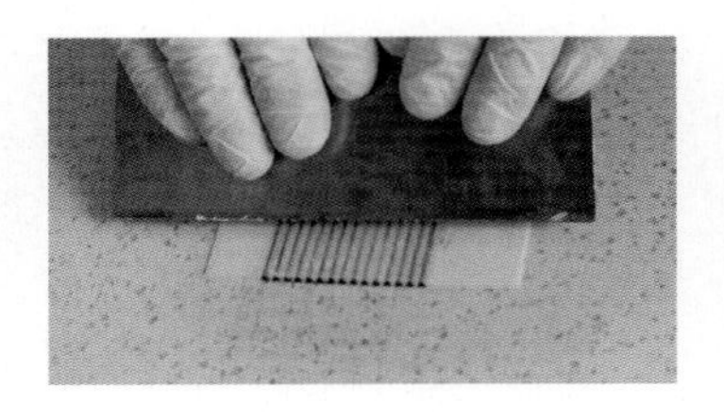
图5－2－13　铲刀位置

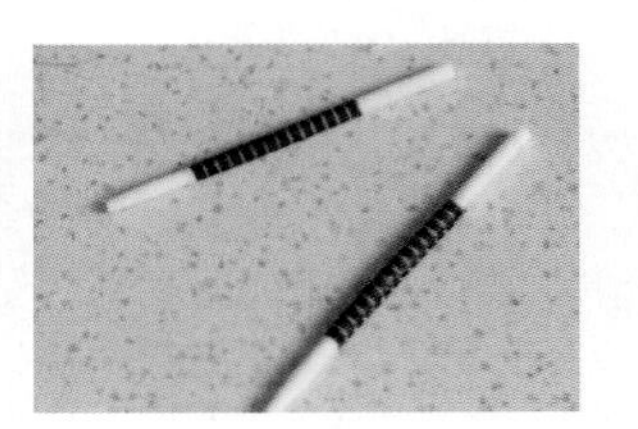
图5－2－14　巧克力棒

五、巧克力弹簧

（1）巧克力切碎，隔水熔化，放上塑料片，将巧克力抹在大理石板上，如图5－2－15所示，反复抹干，如图5－2－16所示。

图5－2－15　巧克力水

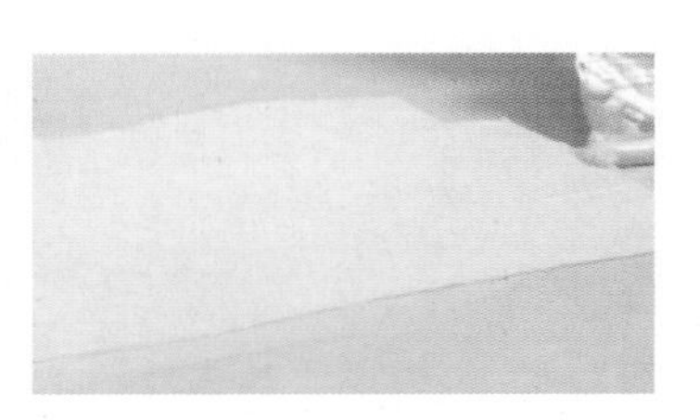
图5－2－16　抹干巧克力

（2）用三角形塑料片刮出条纹，如图5－2－17所示。

（3）取出已经刮好纹路的巧克力片，放入卷筒，如图5－2－18所示，然后放在冰箱冷冻5min，拿出脱模，成品如图5－2－19所示。

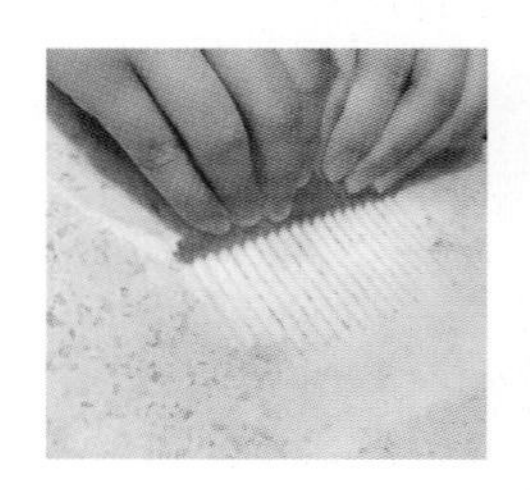
图5－2－17　刮出条纹

图5－2－18　放入卷筒

图5－2－19　巧克力弹簧

知识链接

巧克力调温

高温巧克力有以下四种方法。

一、大理石调温法

（1）升温：将巧克力熔化，一般隔水加热至40℃（也可以选用微波炉加热），熔化期间需不断搅拌。

(2) 降温：将已熔化的巧克力取2/3倒在大理石台上，用铲刀反复且快速地刮切，降温至变成浓稠状。此时需立即把大理石台面上的巧克力刮回到剩余的1/3巧克力中（防止温度继续降低产生晶体）。使之与未冷却的巧克力混合，此时的温度可用于灌模、封底、制作装饰件等。

二、微波炉法

(1) 巧克力倒入熔化盆，放进微波炉中高火加热30s后取出。重复此步骤，直至巧克力呈熔化状态。

(2) 将加热时间改为20s，间隔取出摇晃熔化盆至巧克力半熔后，将时间改为10～15s，直至大部分巧克力熔化后，搅拌混合。

(3) 把控3～5s加热时间，直至巧克力完全熔化，搅拌均匀后，温度达到31℃左右时使用。

三、种子法

巧克力熔化至45℃，加入1/3全新未调温巧克力，不停搅拌，直至无巧克力颗粒，降温至32℃时使用。

四、水冷法

(1) 将巧克力熔化至45℃，直接放在冰水上，用橡皮刮刀不停搅拌。

(2) 降温至27℃，在降温过程中，因为巧克力盆底部的巧克力会先凝结，所以要不断搅拌混合，防止结块。

(3) 继续搅拌或隔水加热，让温度上升至31℃时使用。

任务二　水果装饰品制作

学习目标

☆ 掌握芒果、柠檬、草莓、苹果、奇异果、火龙果、提子的特点。

☆ 掌握常见水果造型。

☆ 能切摆出20种水果造型。

新鲜的水果是装饰蛋糕时经常用的原料之一，水果不仅可以降低奶油的油腻感，增加人们对维生素的摄入量，而且可以调节蛋糕的口味，还可以通过不同颜色的水果搭配来丰富蛋糕装饰的色彩。

任务实施

一、水果装饰的基础知识

选一把头部较尖、刀柄较重、刀刃直且锋利的专用水果刀来切水果，这种刀能把水果切得很细致。用水果装饰蛋糕时，尽量用素色或净色的蛋糕面，以突出水果自身的色彩。

一个造型好看的水果蛋糕需要具备以下要点。

（1）水果的形状至少有三种以上，如圆形、片状、块状、条状等。

（2）颜色至少要有三种以上，如红色、绿色、黄色。除此之外，还要有中性色的火龙果、梨、提子等。

（3）同样形状的水果要有大小变化，摆放时要有方向变化、色彩明暗变化等。总之，重复的形状要注意比例关系，否则看起来会显得呆板，不够活泼。

二、各种水果的切法

在应用各类水果进行装饰时，需要对不同的水果进行不同的处理。下面介绍各种水果的切法。

（一）芒果

1. 切法一

（1）用水果雕刀从柄部伸入，沿扁核切下。

（2）将切下的芒果拿在手上或放在砧板上，用水果雕刀尖纵横划口，如图 5－2－20 和图 5－2－21 所示，不要划到皮。以同样的手法反方向纵横划口，如图 5－2－22 所示。

（3）用手指按住皮中间反扣切口，即成锻模状，如图 5－2－23 所示。

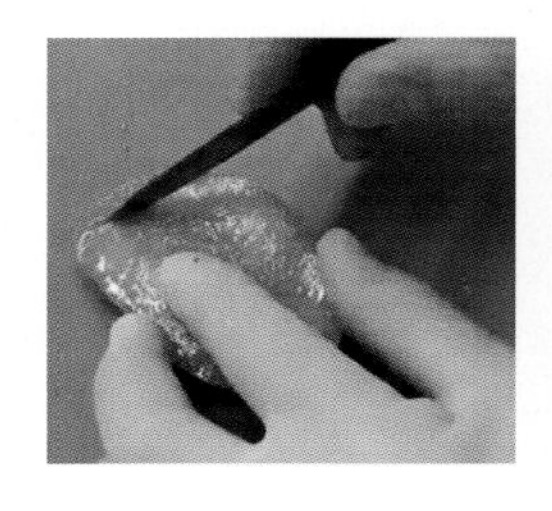

图 5－2－20　划刀方式

图 5－2－21　横划刀

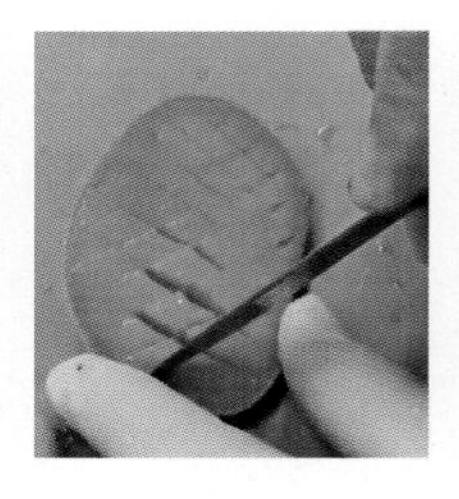

图 5－2－22　纵划刀

图 5－2－23　锻模状芒果

2. 切法二

将芒果去皮，贴着核从中一分为二，切片，让芒果片一片接一片从小到大卷起，边卷边整圆形，如图 5－2－24 至图 5－2－27 所示，若不圆便不像花。

图 5－2－24
去皮

图 5－2－25
切片

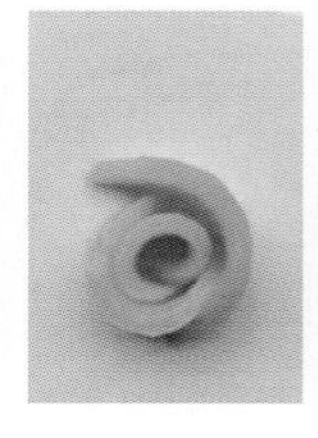

图 5－2－26
卷制

图 5－2－27
“芒果花”

（二）柠檬

洗净柠檬，一分为四；从黄皮边缘片留 20％连接果肉；转 180°，用水果雕刀从柠檬皮左右两边切成丝，上方不能断；把皮的那一头向里卷进去，过程如图 5－2－28 所示。

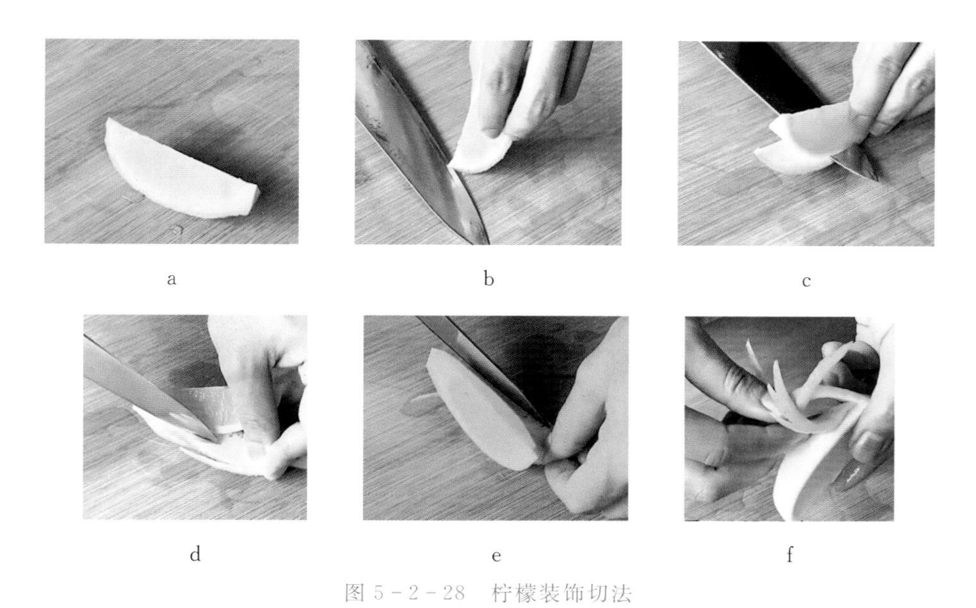
a b c d e f

图 5-2-28　柠檬装饰切法

（三）草莓

1. 切法一

用水果雕刀将草莓顶端削成 V 字形，切片，如图 5-2-29 所示。

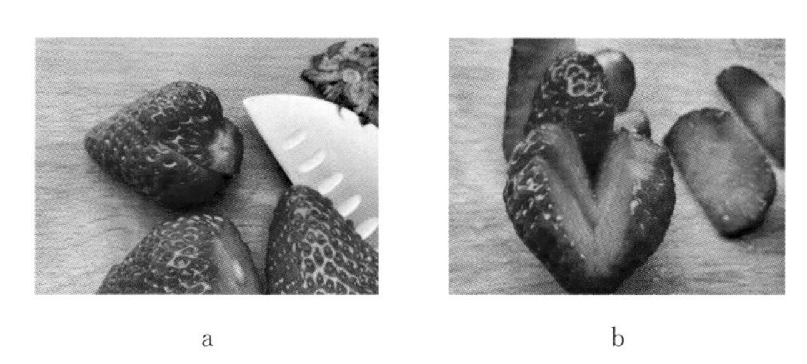
a b

图 5-2-29　草莓装饰切法（1）

2. 切法二

用水果雕刀斜插入草莓中部偏上位置切出一圈 V 字形，切完后用手指将两边分开，如图 5-2-30 所示。

a b c

图 5-2-30　草莓装饰切法（2）

(四) 苹果

1. 切法一

用水果刻刀在苹果的三分一处切开；用水果刻刀将苹果平行切成薄片；将切好的苹果包片展开呈扇状，如图 5－2－3 所示。

a

b

c

图 5－2－31　苹果装饰切法（1）

2. 切法二

苹果洗净，分半；用水果刻刀将苹果内侧削成 V 字形，再从苹果内侧依次放大 V 字形；依此类推，越来越大，把切好的 V 字形摆成燕尾状，过程如图 5－2－32 所示。

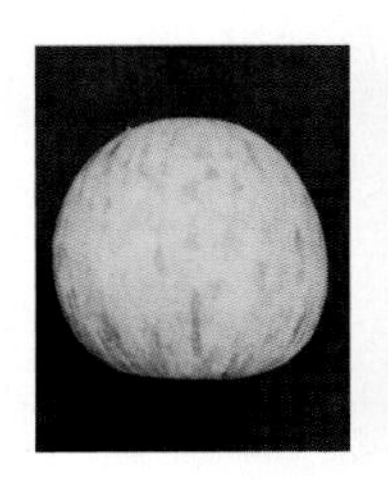
a

b

c

d

图 5－2－32　苹果装饰切法（2）

3. 切法三

用水果刻刀在苹果的 1/3 处切开，在苹果竖方向上切出一圈 V 字形，再切成薄片，过程如图 5－2－33 所示。

a

b

c

图 5－2－33　苹果装饰切法（3）

（五）奇异果

1. 切法一

洗净奇异果，用水果刻刀切掉两头，刻刀斜插入起一个中部偏上位置，切出一圈为V字形，切完后用手指将两边分，用水果刀把皮从上到下切下去留底部，打开即可，过程如图5-2-34所示。

a　b　c

d　e

图5-2-34　奇异果装饰切法（1）

2. 切法二

奇异果左右一刀，切成V字形；依次放大切V字形，横过来去从中一分为二，不要切到下面。从上到下往外面推，依此类推左右两边，过程如图5-2-35所示。

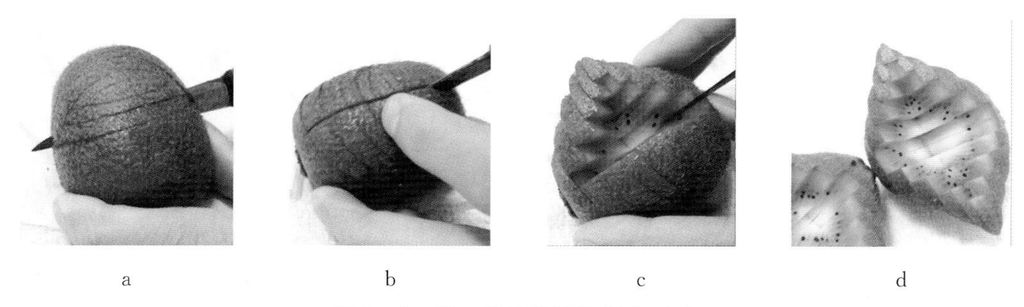

a　b　c　d

图5-2-35　奇异果装饰切法（2）

（六）火龙果

1. 切法一

用水果刻刀将火龙果切成两半，用挖球器从切开的火龙果肉上旋转出圆球，如图5-2-36所示。

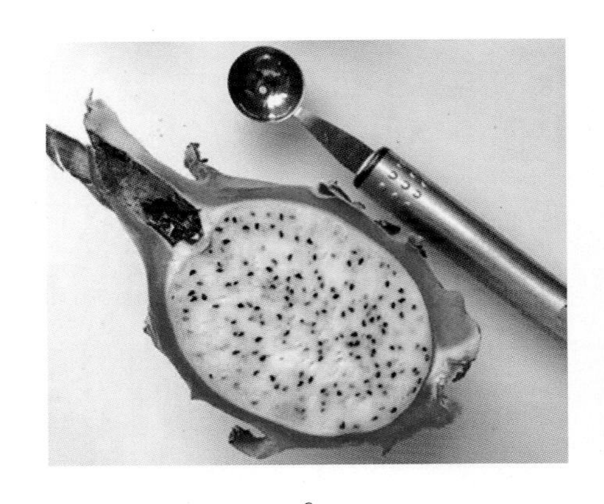

a　　　　b

图 5-2-36　火龙果装饰切法（1）

2. 切法二

将半个火龙果果肉皮完整剥离，并将火龙果，再放入火龙果皮中，切成片状。从火龙果中间对切一刀使其呈三角形，如图 5-2-37 所示。

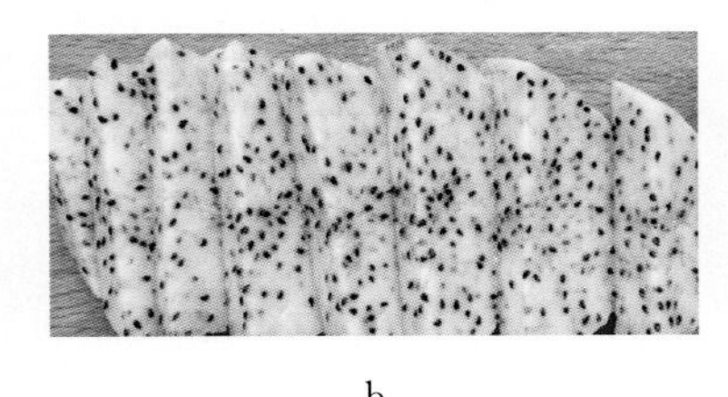
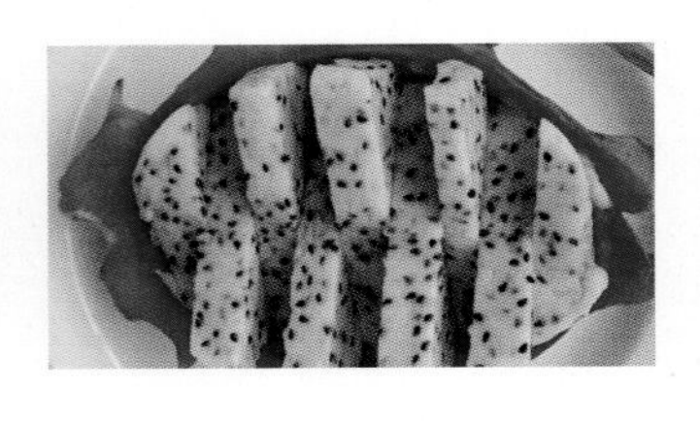

a　　　　b　　　　c

图 5-2-37　火龙果装饰切法（2）

（七）提子

用水果刻刀斜插入提子中部偏上位置，切出一圈 V 字形，切完后用手指将两边分开，如图 5-2-38 所示。

a　　　　b

图 5-2-38　提子装饰切法

参考文献

[1] 王刚．西式面点制作［M］．武汉：华中科技大学出版社，2020.
[2] 钟志惠．西式面点工艺与实训［M］．三版．北京：科学出版社，2016.